U0756939

# 动物病理分析

◎ 贺海萍　主编

中国农业科学技术出版社

图书在版编目(CIP)数据

动物病理分析 / 贺海萍主编 . -- 北京：中国农业科学技术出版社，2024. 10. -- ISBN 978-7-5116-7108-0

Ⅰ. S852. 3

中国国家版本馆 CIP 数据核字第 2024R3635H 号

责任编辑 张诗瑶
责任校对 李向荣
责任印制 姜义伟 王思文

出 版 者 中国农业科学技术出版社
北京市中关村南大街 12 号 邮编：100081
电 话 (010) 82106625 (编辑室) (010) 82106624 (发行部)
(010) 82109709 (读者服务部)
网 址 https://castp. caas. cn
经 销 者 各地新华书店
印 刷 者 中煤(北京)印务有限公司
开 本 185 mm×260 mm 1/16
印 张 10
字 数 231 千字
版 次 2024 年 10 月第 1 版 2024 年 10 月第 1 次印刷
定 价 38. 00 元

版权所有 · 翻印必究

# 编委会


**主　编**　贺海萍（青海农牧科技职业学院）

**副主编**　於　敏（江苏农牧科技职业学院）

林元清（青海省动物疫病预防控制中心）

华利忠（江苏农林科技职业学院）

李刘慧（江苏农牧科技职业学院）

徐雪莉（青海省海南州职业技术学校）

李心蕊（甘肃畜牧工程职业技术学院）

许宗斌（湟源县畜牧兽医站）

**参　编**　张春霞（青海农牧科技职业学院）

陶赛青花（青海农牧科技职业学院）

高明艳（青海农牧科技职业学院）

吴祥财（青海农牧科技职业学院）

# 前 言

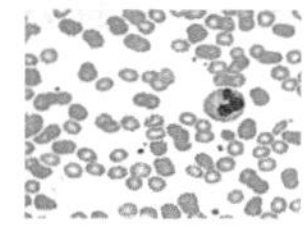

在医学与生物学领域，对于疾病的理解与研究始终是推动学科发展的关键。本教材旨在提供一个全面而系统的学习平台，帮助学生深入理解动物机体在病理状态下的各种变化，以及这些变化对机体健康与功能的影响。通过六个精心设计的项目，本教材将引导学生逐步探索动物病理学的奥秘，从局部血液循环障碍到水盐代谢失衡，从细胞与组织损伤到炎症反应，再到肿瘤的形成与诊断，以及动物病理剖检的实际操作，内容涵盖了动物病理学的主要方面。

项目一“局部血液循环障碍”聚焦于血液循环系统障碍，包括充血与淤血的差异、血栓形成机制、栓塞对机体的影响，以及出血与梗死的病理变化。通过本项目的学习，学生能够掌握血液循环障碍的基本理论与识别方法。

项目二“水盐代谢障碍”则转向机体内部的水盐代谢与酸碱代谢问题，涵盖水肿、脱水、酸碱平衡的基本概念，以及酸碱中毒的鉴别方法。通过本项目的学习，将有助于学生理解水盐代谢与酸碱平衡在维持机体正常生理功能中的重要性。

项目三“细胞与组织损伤”深入探讨细胞与组织在病理状态下的变化，包括萎缩、变性、坏死等不同类型。通过本项目的学习，学生能够增强对细胞与组织损伤机制的认识。

项目四“炎症”关注机体对刺激的防御反应，即炎症。学生将学习炎症的基本病理反应，以及不同类型炎症的鉴别方法，包括变质性炎、渗出性炎和增生性炎。

项目五“肿瘤”带领学生进入肿瘤学的世界，学习良性与恶性肿瘤的鉴别诊断，以及动物常见肿瘤的病理变化。此部分内容的学习将有助于学生理解肿瘤的形成机制与诊断方法。

项目六“动物病理剖检诊断”将理论与实践相结合，介绍动物病理剖检的准备与实施步骤，包括尸体剖检、样品的采集与送检、病理组织切片的制作，以及病理分析诊断的方法。通过本项目的学习，学生能够掌握动物病理剖检的基本技能与诊断方法。

总之，本教材以全面、系统、实践为导向，旨在为学生提供一个深入学习与探索动物病理学的平台。希望学生在学习过程中，能够逐步建立起对动物病理学的深刻理解与浓厚兴趣，为未来的学术研究与职业发展奠定坚实的基础。

最后，我们感谢所有为本教材的编写和审校提供帮助的同人，以及那些在临床实践中不断探索和创新的动物医学工作者。我们期待读者的反馈，以便我们不断改进和更新教材内容。

祝学习愉快！

编　者

2024 年 5 月

# 目 录

# 项目一 局部血液循环障碍

## 项目导读

血液循环障碍指心血管系统受损或血液性状发生改变，而导致血液在血管内的运行发生异常，并于机体的相应部位形成一系列的病理性变化。血液循环障碍是机体在各种疾病中经常发生的一种病理过程，可引起各组织器官的代谢紊乱、机能失调和形态结构改变。

血液循环障碍按其波及的范围不同可分为全身性和局部性两种。全身性血液循环障碍是由于心血管系统的疾病或血液本身性状的改变所造成的，如贫血、心衰；而局部性血液循环障碍则指某一器官或组织的循环障碍，其表现为局部血量异常（充血、缺血）、血管内容物的性状改变（血栓形成、栓塞）以及血管壁通透性改变（水肿、出血）等。

局部性血液循环障碍会导致一系列病理变化，如组织缺血、淤血、水肿等。组织缺血会导致细胞供氧不足，进而引发细胞代谢障碍和酸中毒。长时间或严重的局部缺血还会导致细胞损伤和死亡，表现为细胞肿胀、空泡变性、坏死等。静脉回流受阻和淤血则会导致毛细血管内流体静压升高，血管壁通透性增加，液体渗出到组织间隙，引起组织水肿。此外，血管破裂出血量较大时，可能压迫周围组织或器官，引起功能障碍；同时，血液对周围组织产生刺激作用，引发炎症反应。

本项目将详细介绍局部性血液循环障碍的病因、病理生理变化、临床表现、诊断方法以及治疗和预防措施等方面的内容。通过生动的案例和实例分析，掌握局部性血液循环障碍肉眼观察、标本病理学变化和相关组织切片识别和描述，为未来的动物医学实践打下坚实的基础。

## 知识目标

（1）充血、淤血、出血、血栓、栓塞、梗死的概念和原因。

（2）掌握其发病机制、类型、结局和对机体的影响。

## 技能目标

本项目重点掌握充血、淤血、出血、血栓、栓塞、梗死的病理变化和识别要点，为临床疾病诊断防治打下基础。

## 素养+思政目标

（1）培养学生细心、耐心、和蔼、以人为本的工作态度。

（2）人类与动物共享同一生态系统，公共卫生问题是人医、兽医、环境等领域共同面临的挑战。我们必须坚持“同一世界，同一健康”的理念，统筹各方力量加强公共卫生体系建设。

# 任务一　识别充血与淤血的差异

## 任务导入

### 一、充血

肉眼观察：病变可概括为八个字“红、肿、温热、机能加强”。充血的组织器官由于局部动脉血液流入增多，血液供氧丰富，组织代谢旺盛，故局部温度升高，呈鲜红色，体积轻度增大，机能增强（如黏膜腺体分泌增多）。

镜检：小动脉和毛细血管扩张充满红细胞，平时处于闭锁状态的毛细血管开放。由于充血多半是炎性充血，故常见炎性渗出病变。

### 二、淤血

肉眼观察：淤血的病变可概括为六个字“蓝紫、肿、硬、低、凉”。由于血液淤积在静脉和毛细血管里，血流变慢，氧过度消耗，血中还原血红蛋白含量增多，使局部组织器官呈暗红色或发绀（蓝紫色）。由于血氧含量减少，代谢减弱、产热少、散热较多，导致局部组织器官温度降低和机能减退。局部淤血缺氧可引起毛细血管内压升高和毛细血管的通透性升高，液体外渗，造成局部水肿，体积增大，长时间的淤血缺氧可使局部组织细胞发生变性、坏死。淤血若持续发展，静脉压力升高与局部代谢产物蓄积，血管壁的通透性也随之升高，血浆渗出增多而继发水肿（淤血性水肿）与出血；器官淤血、缺氧而坏死后，可继发结缔组织增生，最后导致淤血性硬化。

病理剖检最常见的器官淤血是肝、肺、胃和肠。

肝淤血时肉眼观察，肝呈中等程度肿大，血量增加，呈暗红色，被膜紧张，质地变实。切面流出较多暗红色血液。“槟榔肝”病变时，肝小叶中央淤血较重，呈紫红色，肝小叶周边淤血较轻，肝细胞发生脂肪变性，呈灰黄色，诸多肝小叶的淤血区和脂变区相间，使切面构成红黄相间的槟榔样花纹。

肺淤血时肉眼观察，肺体积增大，重量增加，表面湿润光泽，呈紫红色，质地稍变实。切开时有血性或淡红色泡沫样液体流出。

胃、肠淤血时肉眼观察，胃、肠浆膜静脉扩张，黏膜呈暗红色。严重淤血时，血浆渗出，胃、肠壁和肠系膜发生水肿，胃、肠壁增厚，皱襞消失，渗出严重时在黏膜上有出血斑。

镜检：淤血组织的小静脉及毛细血管扩张充满红细胞，小血管周围的间隙及结缔组织内积聚水肿液，阻塞时间较长的毛细血管有时发生出血、实质细胞变性或坏死等病变。如果淤血持续时间更长，淤血组织器官的实质细胞萎缩、变性，甚至坏死；间质结缔组织增生。

请认真理解充血和淤血的概念、肉眼观察变化和镜检结果，深入观察尸体剖检的病理变化。通过病理变化、显微镜观察结果收集血液循环障碍疾病相关资料，仔细对照分析，识别充血与淤血的差异。

根据任务情况，完成表 1-1-1 的任务工单。

**表 1-1-1　任务工单**

<table>
<tr><td colspan="2">班级：</td><td>姓名：</td><td>学号：</td></tr>
<tr><td>任务名称</td><td colspan="3">识别充血与淤血的差异</td></tr>
<tr><td>任务描述</td><td colspan="3">根据实际情况，填写本任务的内容、目的、流程和方法。<br>任务内容：________________<br>任务目的：________________<br>任务流程：________________<br>任务方法：________________</td></tr>
<tr><td>获取信息</td><td colspan="3">要完成任务，需要掌握相关的知识。请收集资料，回答以下问题。<br><br>1. 什么是充血？发生的原因及类型有哪些？<br><br>2. 充血的病理变化是什么？<br><br>3. 什么是淤血？发生的原因及类型有哪些？<br><br>4. 淤血的病理变化是什么？<br><br>5. 分析充血与淤血的差异。</td></tr>
</table>

续表

<table>
<tr><td colspan="2">班级：</td><td colspan="2">姓名：</td><td colspan="2">学号：</td></tr>
<tr><td>制订计划</td><td colspan="5"></td></tr>
<tr><td rowspan="6">任务实施</td><td colspan="5">按照预先制订的工作计划，完成本任务，并记录任务实施过程。</td></tr>
<tr><td>序号</td><td>完成的任务</td><td>遇到的问题</td><td colspan="2">解决办法</td></tr>
<tr><td></td><td></td><td></td><td colspan="2"></td></tr>
<tr><td></td><td></td><td></td><td colspan="2"></td></tr>
<tr><td></td><td></td><td></td><td colspan="2"></td></tr>
<tr><td></td><td></td><td></td><td colspan="2"></td></tr>
</table>

## 任务准备

【知识准备】

机体局部组织、器官的血管内血液含量比正常增多的状态称为充血，一般指动脉性充血。根据血量增多发生的机理不同，分为动脉性充血和静脉性充血，静脉性充血常称为淤血。

### 一、充血

在某些生理或病理因素的影响下，局部组织或器官的小动脉及毛细血管发生扩张，流入血量增多，而此时静脉回流量仍保持正常，导致组织或器官内含血量增多，这种现象称为动脉性充血，简称充血。

#### （一）原因及分类

动脉性充血又可分为生理性充血和病理性充血。

**1. 生理性充血**

在生理情况下，当某器官组织机能活动增强，就会引起充血。如采食后胃肠道黏膜充血、运动时肌肉充血、妊娠子宫的充血等。

**2. 病理性充血**

致病因子作用局部组织引起的充血，称为病理性充血。

（1）炎性充血。在炎症早期或炎灶边缘，由于致炎因子刺激血管舒张神经或麻痹血管收缩神经及一些扩张血管的炎症介质（如组胺、5-羟色胺、激肽、腺苷等）的作用，引起的局部组织小动脉及毛细血管扩张充血。

（2）侧支性充血。某一动脉由于血栓形成、栓塞或肿瘤压迫等，故动脉管腔狭窄或阻塞，其周围的动脉吻合支（侧支）为增强血液供应发生扩张使缺血组织得到血液供应，称为侧支性充血。

（3）贫血后充血。动物机体某部位因血管长期受压引起局部组织缺血，小动脉血管张力降低，血容量增大，当压力突然解除后，受压组织内血容量激增，称为减压后充血或贫血后充血。如牛瘤胃臌气时，瘤胃胀满气体压迫腹腔内脏器官造成缺血，施行穿刺瘤胃放气治疗时，如放气过速，腹腔内压力迅速降低，腹腔内脏器官由缺血转为充血，大量血液积聚在腹腔内脏的血管内，造成腹腔以外器官的有效循环血量急剧减少，血压下降，严重时引起脑贫血，甚至导致动物死亡。故施行瘤胃放气时应特别注意，防止放气过快。

（4）神经性充血。在疾病情况下，各种致病因素作用于各种组织、器官的感受器，反射性地使血管收缩神经兴奋性降低，从而导致血管扩张充血，这种充血又称为反射性充血。

### （二）病理变化

肉眼观察：组织发生充血时，色泽鲜红，温度增高，机能增强，体积稍大。皮肤和黏膜充血常称为“潮红”。

镜检：小动脉和毛细血管扩张充满红细胞，平时处于闭锁状态的毛细血管也开放，有毛细血管数增多的感觉。在炎性充血中可见炎性渗出、出血、实质细胞变性或坏死等病变。

### （三）结局和对机体的影响

充血对机体的影响常因其持续时间和发生部位的不同而有很大的差异。一般来说，短时间的轻度充血，对机体是有利的。因为充血时血流量增加、血流速度加快，一方面可以输送更多的氧、营养物质、激素、白细胞和抗体等到组织中，从而增强局部的抵抗能力；同时，又可以将局部产生的病理性产物及时排出，这对于消除病因和恢复组织机能均有着积极的作用。临床上常用理疗、热敷和涂擦刺激剂等疗法造成局部组织充血，促进组织代谢，以达到治疗疾病的目的。若病因作用较强或持续时间较长而引起持续性充血，则可发生淤血、水肿和出血等变化。充血发生的部位不同，对机体的影响也有很大差异。如脑部发生严重充血时（如中暑），常可因颅内压升高而使动物发生神经功能障碍，甚至发生昏迷。

## 二、淤血

在局部组织器官内，动脉流入的血量保持正常，而静脉的血液回流受阻，使大量血液淤积于毛细血管和静脉内，称为淤血，又称静脉性充血。在病理情况下，静脉性充血比动脉性充血多见。

### （一）原因及分类

淤血可分为全身性淤血和局部性淤血两种。

**1. 全身性淤血的原因**

（1）心脏功能障碍。在某些急性传染病和急性中毒等情况下，体内的有毒产物损害心脏，可引起严重的心肌变性，导致心肌收缩力减弱，心输出量减少，静脉血液不能充分回到心脏，使全身各器官发生淤血。

（2）胸膜及肺疾病。胸膜炎时，胸腔内蓄积炎性渗出物，使胸腔内压增高，可直接影响心脏的舒张；同时，胸廓疼痛和扩张受限，使前后腔静脉内的血液回流受阻，也可发生全身性淤血。

**2. 局部性淤血的原因**

（1）静脉受压。静脉受压后管腔狭窄或闭塞，血液回流受阻，导致相应部位的器官和组织发生淤血。肿瘤、肿大的淋巴结、寄生虫包囊对局部静脉的压迫，妊娠子宫对髂静脉的压迫，绷带包扎过紧对肢体静脉的压迫，肠扭转和肠套叠对肠系膜静脉的压迫，以及肝硬化时门静脉受增生结缔组织的压迫等，均可引起相应器官、组织淤血。

（2）静脉管腔阻塞。静脉内血栓形成、栓塞或因静脉内膜炎使血管壁增厚等，均可造成静脉管腔狭窄或阻塞，可引起相应器官、组织淤血。但静脉分支多，只有当静脉管腔阻塞而又不能建立有效的侧支循环时，才会发生淤血。

### （二）病理变化

肉眼观察：局部淤血的组织器官多表现为局部肿胀，组织呈暗红色或蓝紫色（动物的可视黏膜与被毛较少尤其缺乏色素的皮肤表现明显，这种症状称为发绀），淤血局部组织由于缺氧，代谢降低、产热减少、温度下降，淤血若持续发展，静脉压力升高、血管壁的通透性增高、血浆渗出增多而继发水肿与出血，特别是在较为柔软疏松的组织上发展迅速。器官淤血、缺氧而坏死后可继发结缔组织增生导致器官淤血性硬化。

镜检：淤血组织的小静脉及毛细血管扩张充满大量红细胞，小血管周围的间隙及结缔组织内蓄积水肿液，阻塞时间较长的毛细血管有时发生出血。如果淤血持续时间较长，可导致实质细胞萎缩、变性，甚至坏死；间质结缔组织增生。

由于发生淤血的各组织器官结构不同，所表现出的病理变化又具有各自的特点。

（1）肺淤血。主要由于左心功能不全，血液淤积在左心房，阻碍肺静脉血液流入左心房，导致大量血液淤积在肺组织中。

肉眼观察：急性肺淤血时，肺、胸膜呈紫红色，肺体积肿大，质地稍变硬，重量增加，间质略增宽，被膜紧张而光滑。肺切面流出大量红色泡沫样液体。长期的肺淤血引起结缔组织增生和网状纤维胶原化，肺组织中含铁血黄素增多，造成肺的“褐色硬化”。

镜检：肺内小静脉及肺泡壁毛细血管扩张，充满大量红细胞；肺泡腔内出现均质无结构淡红染色的水肿液和少量的红细胞。慢性肺淤血时，在肺泡腔内出现巨噬细胞，巨噬细胞吞噬红细胞后，血红蛋白分解为含铁血黄素（棕黄色颗粒），这种细胞质内含有大量含铁血黄素颗粒的巨噬细胞用普鲁士蓝染色为淡绿色，称为心力衰竭细胞。

（2）肝淤血。主要见于右心功能不全、肝静脉与后腔静脉回流障碍等。

肉眼观察：肝体积肿大，被膜紧张，边缘钝圆，重量增加，呈暗红色或紫红色，肝质地较实；切面流出大量暗红色凝固不良的血液。淤血较久时，由于淤血肝组织脂肪氧化障碍，可诱发脂肪变性，肝切面上形成暗红色淤血区和土黄色脂变区相间的花纹。外观如槟榔切面，故称为“槟榔肝”。

镜检：肝小叶间血管、肝小叶中心部的窦状隙及中央静脉扩张，充满红细胞。病程稍久，肝小叶中心肝细胞因受压迫可发生萎缩或消失，肝小叶中心区细胞可因缺氧而发生脂肪变性。如肝淤血较久，肝细胞萎缩，发生网状纤维胶原化，间质结缔组织增生，此时肝肉眼观察体积缩小、变硬，形成淤血性肝硬化。

（3）胃、肠淤血。主要见于右心功能不全、肝炎或肝硬化等。胃、肠浆膜下血管怒张呈枝状，肠系膜上静脉血管尤为明显，胃、肠黏膜呈暗红色。淤血严重时，胃、肠壁和肠系膜出现淤血性水肿和弥漫性出血。

### （三）结局和对机体的影响

短暂的淤血在病因消除后可迅速恢复正常。如果淤血持续时间过长，侧支循环又不能有效建立时，淤血局部除水肿与出血外，还有血栓形成，局部组织得不到足够的氧和营养物质供应，代谢中间产物蓄积，淤血组织或器官的代谢及机能下降，实质细胞萎缩、变性、坏死，间质结缔组织增生，组织或器官硬化等。淤血的组织抵抗力降低，损伤不易修复，容易继发感染。

【材料准备】

充血与淤血案例、尸体剖检病变组织病理标本和切片。

【工具准备】

虚拟仿真软件。

【人员准备】

人员分组，每组 5 人，明确职责分工（表 1-1-2）。

**表 1-1-2　任务分配**

| 任务角色 | 任务内容 |
| --- | --- |
| 组长 | 组织小组成员讨论相关充血和淤血的理论知识点，分配工作任务，督促完成任务，汇总理论知识点并组织完成知识的迁移学习 |
| 组员 1 | 通过虚拟仿真软件、标本和切片观察探讨充血和淤血的相关论述；主持讨论并区分充血与淤血的概念 |
| 组员 2 | 通过虚拟仿真软件、标本和切片观察探讨充血和淤血的相关论述；准确描述充血与淤血的发生原因及类型 |
| 组员 3 | 通过虚拟仿真软件、标本和切片观察探讨充血和淤血的相关论述；准确判断充血与淤血的病理变化 |
| 组员 4 | 通过虚拟仿真软件、标本和切片观察探讨充血和淤血的相关论述；表述充血和淤血的结局及对机体的影响 |

## 任务筹划

完成识别充血与淤血的差异任务，需要筹划以下 3 个方面的事项。

（1）现代社会信息技术日新月异，学习知识的途径不再拘束于实体教材和相关书籍，所以学生在课堂以及课后的学习过程中应充分利用校内虚拟仿真软件、手机等工具，以便迅速解决器官内部病变对照查看，及时上网查阅相关信息。

（2）任务完成过程中，必须对充血、淤血等概念深入理解并记忆，完成学习后能够准确复述重点概念和知识。

（3）在了解充血与淤血发生的原因及类型过程中，要特别注意理解并记忆不同类型病变的区别，不同类型的对比学习对于知识的理解起着至关重要的作用。

内容筹划：由教师向学生讲明大体标本的观察和诊断方法。标本收集主要依靠广大师生在多年案例诊断实践中的积累。标本取材于死亡的患病动物的尸体剖检。

流程筹划：图片感知→熟悉概念→观察标本→描述病变→识别病变→区分类型。

## 任务实施

步骤一：通过虚拟仿真软件、标本和切片观察探讨充血与淤血的相关论述；主持讨论并区分充血与淤血的概念。

步骤二：准确描述充血与淤血的发生原因及类型。

步骤三：准确判断充血与淤血的病理变化。

步骤四：表述充血与淤血的结局和对机体的影响。

## 任务检测

请扫描二维码 1-1-1 进行答题。

二维码 1-1-1
项目一任务一检测

知识链接：病理标本、切片观察法（二维码 1-1-2）。

二维码 1-1-2
知识链接：病理标本、切片观察法

## 任务评价

根据任务完成情况，完成任务评价（表 1-1-3）。

**表 1-1-3　任务评价**

<table>
<tr><td colspan="2">班级：</td><td colspan="2">姓名：</td><td colspan="2">学号：</td></tr>
<tr><td>项目</td><td>评价内容</td><td>分值</td><td>自评</td><td>互评</td><td>师评</td></tr>
<tr><td rowspan="6">知识技能</td><td>正确表述充血与淤血的概念</td><td>10 分</td><td></td><td></td><td></td></tr>
<tr><td>准确描述二者的发生原因及类型</td><td>10 分</td><td></td><td></td><td></td></tr>
<tr><td>准确判断充血与淤血的病理变化</td><td>10 分</td><td></td><td></td><td></td></tr>
<tr><td>能观察出尸体剖检表现的病理变化</td><td>10 分</td><td></td><td></td><td></td></tr>
<tr><td>能通过病理变化、显微镜观察结果收集血液循环障碍疾病相关资料</td><td>10 分</td><td></td><td></td><td></td></tr>
<tr><td>仔细对照分析，识别充血与淤血的差异</td><td>10 分</td><td></td><td></td><td></td></tr>
<tr><td>任务进度</td><td>提前完成 10 分；正常完成 7~9 分；超时完成 3~6 分；未完成 0~2 分</td><td>10 分</td><td></td><td></td><td></td></tr>
<tr><td>任务质量</td><td>整体效果很好 10 分；较好 7~9 分；一般 3~6 分；较差 0~2 分</td><td>10 分</td><td></td><td></td><td></td></tr>
<tr><td>素养表现</td><td>遵规守纪，独立思考，严谨探究，积极反思</td><td>10 分</td><td></td><td></td><td></td></tr>
<tr><td>思政表现</td><td>人类与动物共享同一生态系统，公共卫生问题是人医、兽医、环境等领域共同面临的挑战；我们必须坚持“同一世界，同一健康”的理念，统筹各方力量加强公共卫生体系建设</td><td>10 分</td><td></td><td></td><td></td></tr>
<tr><td>自我评价与总结</td><td colspan="5"></td></tr>
<tr><td>教师点评</td><td colspan="5"></td></tr>
</table>

# 任务二　分析血栓形成机制

## 任务导入

在动物的身体里，有一个非常神奇且重要的循环系统——血液循环系统。它像是一条条繁忙的河流，不断地将营养和氧气输送到动物机体的每个角落，同时也将“废物”和二氧化碳带回心脏进行处理。但是，如果这条“河流”中的某个地方出现了阻塞，那么动物机体就会遇到大问题。

想象一下，如果我们家的水管因为某些原因被堵塞了，那么水就无法顺畅地流动，我们的日常生活就会受到很大的影响。同样地，如果动物的血管中出现了阻塞，也就是我们今天要学习的“血栓形成”，那么动物机体就会面临很大的挑战。

血栓是怎么形成的呢？它会给动物机体带来哪些影响？又该如何预防血栓形成呢？请学生思考一下这些问题，并尝试通过查阅资料或者观看相关视频，对血栓形成有一个初步的了解。

请学生在课前准备一些与血栓形成相关的生活实例或者新闻报道，并思考一下这些实例或报道与血栓形成之间的关系。

根据任务情况，完成表 1-2-1 的任务工单。

**表 1-2-1　任务工单**

<table>
<tr><td>班级：</td><td>姓名：</td><td>学号：</td></tr>
<tr><td>任务名称</td><td colspan="2">分析血栓形成机制</td></tr>
<tr><td>任务描述</td><td colspan="2">根据实际情况，填写本任务的内容、目的、流程和方法。<br>任务内容：________________<br>任务目的：________________<br>任务流程：________________<br>任务方法：________________</td></tr>
<tr><td>获取信息</td><td colspan="2">要完成任务，需要掌握相关的知识。请收集资料，回答以下问题。<br>1. 什么是血栓？<br>2. 血栓形成的条件是什么？<br>3. 简述血栓形成的过程和类型。<br>4. 血栓的种类有哪些？<br>5. 分析血栓和死后血凝块的区别。</td></tr>
<tr><td>制订计划</td><td colspan="2"></td></tr>
</table>

续表

<table>
<tr><td>班级：</td><td colspan="2">姓名：</td><td colspan="2">学号：</td></tr>
<tr><td rowspan="6">任务实施</td><td colspan="4">按照预先制订的工作计划，完成本任务，并记录任务实施过程。</td></tr>
<tr><td>序号</td><td>完成的任务</td><td>遇到的问题</td><td>解决办法</td></tr>
<tr><td></td><td></td><td></td><td></td></tr>
<tr><td></td><td></td><td></td><td></td></tr>
<tr><td></td><td></td><td></td><td></td></tr>
<tr><td></td><td></td><td></td><td></td></tr>
</table>

## 任务准备

【知识准备】

在活体的心脏或血管内，血液发生凝固或血液中有形成分析出、凝集或凝固，形成固体物质的过程，称为血栓形成。所形成的固体物称为血栓。

### 一、血栓形成的条件

（1）心、血管内膜的损伤。如血管内壁粗糙。

（2）血流状态的改变。如血流速度变慢、血流在血管中形成漩涡。

（3）血液性质改变。如血液黏稠。

### 二、血栓形成的过程和类型

血小板从轴流中分离析出，并黏附在损伤的血管内皮处，进而黏集成堆，随之有少量白细胞和纤维蛋白沉积，形成灰白色血栓，即血栓头部。

血小板形成许多有分枝的小梁，形如珊瑚，表面黏附许多白细胞。网状结构的小梁之间网眼内网罗大量红细胞和少量白细胞，于是形成了红白相间的混合血栓，即血栓体部。

混合血栓体积增大，阻塞血管，局部血流停止，血液迅速凝固，形成暗红色的红色血栓，即血栓尾部。

### 三、血栓的种类

**1. 白色血栓**

常发生在血流速度较快的心脏或动脉内。肉眼观察，呈灰白色，表面粗糙有波纹，质实，与血管壁紧密粘连不易脱落。光学显微镜下，可见白色血栓主要由血小板和少量的白细胞及纤维蛋白构成。

**2. 混合血栓**

常构成静脉延续性血栓的体部。肉眼观察，呈红白交替的层状结构。光学显微镜下，混合血栓主要由淡红色无结构的珊瑚状血小板小梁和充满于小梁间的纤维蛋白网及红细胞构成。血小板小梁边缘有许多中性粒细胞黏附。

**3. 红色血栓**

常发生在血流极度缓慢或血流停止之后，其形成过程与血管外凝血相同，往往构成静脉内延续性血栓的尾部。肉眼观察，呈暗红色，刚形成的红色血栓表面光滑、湿润并富有弹性，与动物死后血凝块一样；陈旧的红色血栓由于水分被吸收，变得干燥，表面粗糙，失去弹性，质脆易碎，易脱落形成栓塞。光学显微镜下，红色血栓可见纤维蛋白网眼内充满正常血液分布的红细胞和白细胞。

血栓与死后血凝块的区别如表 1–2–2 所示。

**表 1–2–2　血栓与死后血凝块的区别**

| 项目 | 血栓 | 死后血凝块 |
|---|---|---|
| 表面 | 表面粗糙、干燥、无光泽 | 表面平滑、湿润、有光泽 |
| 质地 | 较硬，脆 | 柔软，有弹性 |
| 色泽 | 色泽混杂，灰红相间，尾部暗红 | 暗红色或血凝块上层呈鸡脂样 |
| 与血管壁的关系 | 与血管壁黏着 | 易与血管壁分离 |
| 组织结构 | 具有特殊结构 | 无特殊结构 |

## 四、血栓的结局和对机体的影响

**1. 软化、溶解、吸收**

纤维蛋白溶酶可使小的血栓溶解。同时，释放蛋白分解酶，促使血栓溶解、软化。较大的血栓部分发生软化、机化或脱落成为栓子，随血流运行，引起栓塞。

**2. 机化与再通**

较大血栓的结局。血栓机化指血栓形成后数天内，新生的肉芽组织从血管壁血栓附着处向血栓中心生长，逐渐取代血栓的现象。血栓机化时，常由血栓内部或血栓与血管壁之间形成裂隙，裂隙的表面被增生的血管内皮细胞所覆盖，最后形成与原血管两端相通的一个或数个小血管，使血流重新通过，称为血栓的再通。

**3. 钙化**

少数血栓的结局。血栓钙化指没有完全软化或机化的血栓，其表面和中间发生钙盐沉着的现象。血栓钙化后成为坚硬的结石存在于血管内，在静脉内形成静脉石、在动脉内形成动脉石。

血栓形成对机体有两重作用：一是在血管破裂处形成血栓，有止血作用；二是在血管内形成血栓可阻塞血管。另外，血栓还易脱落形成栓子，随血流运行，在某些部位形成栓塞，造成广泛性梗死。微循环的大量微血栓形成，可引起全身广泛出血和休克。

【材料准备】

血栓案例、病理标本、病理切片。

【工具准备】

虚拟仿真软件。

【人员准备】

人员分组，每组 5 人，明确职责分工（表 1-2-3）。

**表 1-2-3　任务分配**

| 任务角色 | 任务内容 |
| --- | --- |
| 组长 | 组织小组成员讨论相关充血的理论知识点，分配工作任务，督促完成任务，汇总理论知识点并组织完成知识的迁移学习 |
| 组员 1 | 通过虚拟仿真软件、标本和切片观察探讨血栓的相关论述；主持讨论血栓形成的条件 |
| 组员 2 | 通过虚拟仿真软件、标本和切片观察探讨血栓的相关论述；准确描述血栓形成的过程和类型 |
| 组员 3 | 通过虚拟仿真软件、标本和切片观察探讨血栓的相关论述；准确判断血栓的种类 |
| 组员 4 | 通过虚拟仿真软件、标本和切片观察探讨血栓的相关论述；分析血栓与死后血凝块的区别 |

## 任务筹划

完成分析血栓形成机制任务，需要筹划以下 3 个方面的事项。

（1）现代社会信息技术日新月异，学习知识的途径不再拘束于实体教材和相关书籍，所以学生在课堂以及课后的学习过程中应充分利用校内虚拟仿真软件、手机等工具，以便迅速解决器官内部病变对照查看，及时上网查阅相关信息。

（2）任务完成过程中，必须对血栓概念深入理解并记忆，完成学习后能够准确复述重点概念和知识。

（3）在了解血栓形成机制及类型过程中，要特别注意理解并记忆不同类型病变的区别，不同类型的对比学习对于知识的理解起着至关重要的作用。

流程筹划：图片感知→熟悉概念→观察标本→描述病变→识别病变→区分类型。

## 任务实施

步骤一：通过虚拟仿真软件、标本和切片观察探讨血栓的相关论述；讨论血栓形成的条件。

步骤二：准确描述血栓形成的过程和类型。

步骤三：准确判断血栓种类。

步骤四：分析血栓与死后血凝块的区别。

## 任务检测

请扫描二维码 1-2-1 进行答题。

二维码 1-2-1
项目一任务二检测

知识链接：DIC（二维码 1-2-2）。

二维码 1-2-2
知识链接：DIC

## 任务评价

根据任务完成情况，完成任务评价（表 1-2-4）。

**表 1-2-4　任务评价**

<table>
<tr><td colspan="2">班级：</td><td colspan="2">姓名：</td><td colspan="2">学号：</td></tr>
<tr><td>项目</td><td>评价内容</td><td>分值</td><td>自评</td><td>互评</td><td>师评</td></tr>
<tr><td rowspan="6">知识技能</td><td>正确表述血栓的概念</td><td>10 分</td><td></td><td></td><td></td></tr>
<tr><td>准确描述血栓形成的条件</td><td>10 分</td><td></td><td></td><td></td></tr>
<tr><td>根据任务准确判断血栓形成的过程和类型</td><td>10 分</td><td></td><td></td><td></td></tr>
<tr><td>能通过标本观察识别血栓的种类</td><td>10 分</td><td></td><td></td><td></td></tr>
<tr><td>能通过病理变化、显微镜观察结果收集血液循环障碍疾病相关资料</td><td>10 分</td><td></td><td></td><td></td></tr>
<tr><td>仔细对照分析，区分血栓和死后血凝块</td><td>10 分</td><td></td><td></td><td></td></tr>
<tr><td>任务进度</td><td>提前完成 10 分；正常完成 7~9 分；超时完成 3~6 分；未完成 0~2 分</td><td>10 分</td><td></td><td></td><td></td></tr>
<tr><td>任务质量</td><td>整体效果很好 10 分；较好 7~9 分；一般 3~6 分；较差 0~2 分</td><td>10 分</td><td></td><td></td><td></td></tr>
<tr><td>素养表现</td><td>遵规守纪，独立思考，严谨探究，积极反思</td><td>10 分</td><td></td><td></td><td></td></tr>
<tr><td>思政表现</td><td>人类与动物共享同一生态系统，公共卫生问题是人医、兽医、环境等领域共同面临的挑战；我们必须坚持“同一世界，同一健康”的理念，统筹各方力量加强公共卫生体系建设</td><td>10 分</td><td></td><td></td><td></td></tr>
</table>

续表

| 班级： | 姓名： | 学号： |
| --- | --- | --- |
| 自我评价与总结 | | |
| 教师点评 | | |

# 任务三　评估栓塞对机体的影响

## 任务导入

在我们的日常生活中，是否听说过“栓塞”这个词？虽然它听起来可能有些陌生，但它在动物机体中却扮演着极其重要的角色。

想象一下，如果一条繁忙的高速公路突然在某个路段发生了严重的堵塞，那么这条公路上的车辆就会停滞不前，无法顺利到达目的地。同样地，在动物的循环系统中，如果因为某种原因形成了栓塞，那么血液就无法正常流动，从而影响到动物机体各个部位的氧气和营养供应。

栓塞是如何形成的呢？它会给动物机体带来哪些影响？我们又该如何应对和预防它呢？为了对“栓塞”有一个基本的认识，可以通过阅读课本、查找网络资料或者观看相关视频，来了解栓塞的成因、分类以及它对动物机体可能产生的影响。同时，也可以思考一下，在日常生活中，是否有遇到过与栓塞相关的情况或者听说过类似的病例。

尝试将栓塞的形成过程以及它对动物机体的影响用一幅简单的示意图来表示。这不仅能够帮助学生更好地理解这一过程，还能让学生在课堂上更加自信地展示学习成果。

根据任务情况，完成表 1-3-1 的任务工单。

**表 1-3-1　任务工单**

| 班级： | 姓名： | 学号： |
| --- | --- | --- |
| 任务名称 | 评估栓塞对机体的影响 | |
| 任务描述 | 根据实际情况，填写本任务的内容、目的、流程和方法。<br>任务内容：________<br>任务目的：________<br>任务流程：________<br>任务方法：________ | |

续表

<table>
<tr><td>班级：</td><td colspan="2">姓名：</td><td colspan="2">学号：</td></tr>
<tr><td>获取信息</td><td colspan="4">要完成任务，需要掌握相关的知识。请收集资料，回答以下问题。<br>1. 什么是栓塞？<br>2. 栓子运行途径是什么？<br>3. 描述栓塞形成的过程和类型。<br>4. 栓塞的种类有哪些？<br>5. 分析栓塞对机体造成的影响。</td></tr>
<tr><td>制订计划</td><td colspan="4"></td></tr>
<tr><td rowspan="6">任务实施</td><td colspan="4">按照预先制订的工作计划，完成本任务，并记录任务实施过程。</td></tr>
<tr><td>序号</td><td>完成的任务</td><td>遇到的问题</td><td>解决办法</td></tr>
<tr><td></td><td></td><td></td><td></td></tr>
<tr><td></td><td></td><td></td><td></td></tr>
<tr><td></td><td></td><td></td><td></td></tr>
<tr><td></td><td></td><td></td><td></td></tr>
</table>

## 任务准备

【知识准备】

在循环血液中出现不溶解于血液的异常物质，随血液运行堵塞血管的过程，称为栓塞。引起栓塞的异常物质称为栓子。常见的栓子种类有血栓、空气、脂肪滴、肿瘤细胞、细菌团块和寄生虫等。

### 一、栓塞的种类

**1. 血栓性栓塞**

由血栓或脱落的血栓引起的栓塞，称为血栓性栓塞，是栓塞中最常见的一种。如患慢性猪丹毒时，猪心脏二尖瓣上的白色血栓脱落后，随动脉血液运行至脾、肾等器官的小动脉内，引起栓塞。

**2. 脂肪性栓塞**

脂肪滴进入血液堵塞血管，称为脂肪性栓塞。多见于管状骨骨折或脂肪组织挫伤，脂肪细胞破裂释出的脂肪滴可通过破裂的静脉进入血流而引起肺部小动脉的栓塞。

**3. 空气性栓塞**

正常时血液仅能溶解极少量的空气，若大量空气于短时间内进入血液会引起空气性栓塞。在大静脉损伤时，由于大静脉的血压为负压，空气从破裂口被吸入血流；或静脉注射时误将空气注入，都会造成空气性栓塞。

**4. 生物性栓塞**

生物性栓塞常见的有组织性栓塞、细菌性栓塞和寄生虫性栓塞等。

(1) 组织性栓塞。在组织受损或坏死的情况下，组织碎片或细胞团块通过损伤的血管进入血流引起栓塞。恶性肿瘤细胞形成的瘤细胞栓塞不仅造成一般组织性栓塞，还可以形成转移性病灶。

(2) 细菌性栓塞。机体内感染灶中的病原菌，可能以单纯菌团的形式或与坏死组织、血栓相混合，进入血液循环引起细菌性栓塞。它除具有一般栓塞的危害作用外，还能造成细菌的播散，在栓塞处引起新的感染灶，甚至引起脓毒败血症。

(3) 寄生虫性栓塞。某些寄生虫虫体或虫卵也能成为栓子，如猪蛔虫的幼虫经肝静脉随血流进入肺；旋毛虫进入肠壁淋巴管，经胸导管进入血液，均可形成寄生虫性栓塞。

## 二、栓子的运行途径

栓子在体内运行的途径一般和血流方向一致，栓子随血液运行堵塞比它小的血管。左心的栓子，运行最后多堵塞在脾、肾、脑等器官。来自体循环静脉的栓子，经右心室进入肺动脉，最后堵塞在肺小动脉分支或毛细血管。来自肝门静脉的栓子，在门静脉分支处形成栓塞。

## 三、栓塞对机体的影响

微小的栓子阻塞少数毛细血管，一般不引起严重后果。有较大栓子阻塞主干血管或心脏时，立刻引起动物死亡。

【材料准备】

栓塞案例、病理标本、病理切片。

【工具准备】

虚拟仿真软件。

【人员准备】

人员分组，每组 5 人，明确职责分工（表 1-3-2）。

表 1-3-2　任务分配

| 任务角色 | 任务内容 |
|---|---|
| 组长 | 组织小组成员讨论相关充血的理论知识点，分配工作任务，督促完成任务，汇总理论知识点并组织完成知识的迁移学习 |
| 组员 1 | 通过虚拟仿真软件、标本和切片观察探讨栓塞的相关论述；主持讨论栓子的运行途径 |
| 组员 2 | 通过虚拟仿真软件、标本和切片观察探讨栓塞的相关论述；准确描述栓塞形成的过程和类型 |
| 组员 3 | 通过虚拟仿真软件、标本和切片观察探讨栓塞的相关论述；准确判断栓塞的种类 |
| 组员 4 | 通过虚拟仿真软件、标本和切片观察探讨栓塞的相关论述；分析栓塞对机体造成的影响 |

## 任务筹划

完成评估栓塞对机体的影响任务，需要筹划以下 3 个方面的事项。

（1）现代社会信息技术日新月异，学习知识的途径不再拘束于实体教材和相关书籍，所以学生在课堂以及课后的学习过程中应充分利用校内虚拟仿真软件、手机等工具，以便迅速解决器官内部病变对照查看，及时上网查阅相关信息。

（2）任务完成过程中，必须对栓塞概念深入理解并记忆，完成学习后能够准确复述重点概念和知识。

（3）在了解栓塞形成及类型过程中，要特别注意理解并记忆不同类型病变的区别，不同类型的对比学习对于知识的理解起着至关重要的作用。

流程筹划：图片感知→熟悉概念→观察标本→描述病变→识别病变→区分类型。

## 任务实施

步骤一：通过虚拟仿真软件、标本和切片观察探讨栓塞的相关论述；讨论栓子的运行途径。

步骤二：准确描述栓塞形成的过程和类型。

步骤三：准确判断栓塞的种类。

步骤四：分析栓塞对机体造成的影响。

## 任务检测

请扫描二维码 1-3-1 进行答题。

二维码 1-3-1

项目一任务三检测

## 任务评价

根据任务完成情况，完成任务评价（表 1-3-3）。

**表 1-3-3　任务评价**

| 班级： | | 姓名： | | 学号： | |
|---|---|---|---|---|---|
| 项目 | 评价内容 | 分值 | 自评 | 互评 | 师评 |
| 知识技能 | 正确表述栓塞的概念 | 10 分 | | | |
| | 准确描述栓子的运行途径 | 10 分 | | | |
| | 准确判断血栓形成的过程和类型 | 10 分 | | | |
| | 能通过标本观察识别栓塞的种类 | 10 分 | | | |
| | 能通过病理变化、显微镜观察结果收集血液循环障碍疾病相关资料 | 10 分 | | | |
| | 仔细对照分析，评估栓塞对机体的影响 | 10 分 | | | |
| 任务进度 | 提前完成 10 分；正常完成 7～9 分；超时完成 3～6 分；未完成 0～2 分 | 10 分 | | | |
| 任务质量 | 整体效果很好 10 分；较好 7～9 分；一般 3～6 分；较差 0～2 分 | 10 分 | | | |
| 素养表现 | 遵规守纪，独立思考，严谨探究，积极反思 | 10 | | | |
| 思政表现 | 人类与动物共享同一生态系统，公共卫生问题是人医、兽医、环境等领域共同面临的挑战；我们必须坚持“同一世界，同一健康”的理念，统筹各方力量加强公共卫生体系建设 | 10 分 | | | |
| 自我评价与总结 | | | | | |
| 教师点评 | | | | | |

# 任务四　识别出血与梗死的病理变化

## 任务导入

在动物机体中，血液如同生命的河流，它携带着氧气和营养，滋养着动物机体的每个细胞。然而，当这条河流出现阻塞或破裂时，动物机体就会面临巨大的挑战。

当动物的血管受到损伤，血液就会从破裂的血管中流出，这就是出血。出血可能是轻微的，也可能是严重的，它取决于损伤的程度和出血的速度。轻微的出血可能只会引起一些不适，但严重的出血可能会危及动物生命。

梗死则是指由于血管阻塞导致某个器官或组织的血液供应中断，从而使其失去功能。这种情况通常发生在心脏、大脑等重要器官中，严重时会导致器官功能衰竭，甚至动物死亡。

出血和梗死在病理上会有哪些变化呢？它们是如何影响动物机体的呢？希望大家能够先对出血和梗死有一个基本的了解。可以通过阅读课本、查找网络资料或者观看相关视频，来了解它们的成因、分类以及病理变化过程。同时，也可以思考一下，在我们的日常生活中，是否有遇到过与出血或梗死相关的情况或者听说过类似的病例。

为了更好地理解这些病理变化，建议大家尝试将出血和梗死的病理过程用简单的示意图来表示。可以画出血管破裂、血液流出以及器官组织缺血坏死的场景，这样有助于直观地理解这些过程。

根据任务情况，完成表 1-4-1 的任务工单。

**表 1-4-1　任务工单**

| 班级： | 姓名： | 学号： |
|---|---|---|
| 任务名称 | 识别出血与梗死的病理变化 | |
| 任务描述 | 根据实际情况，填写本任务的内容、目的、流程和方法。<br>任务内容：________<br>任务目的：________<br>任务流程：________<br>任务方法：________ | |
| 获取信息 | 要完成任务，需要掌握相关的知识。请收集资料，回答以下问题。<br>1. 什么是出血？什么是梗死？<br>2. 梗死的类型及其病理变化特点有哪些？<br>3. 描述不同类型出血的原因及病理变化。<br>4. 梗死的原因是什么？<br>5. 分析贫血性梗死和出血性梗死的典型病理变化。 | |

续表

<table>
<tr><td>班级：</td><td colspan="2">姓名：</td><td colspan="2">学号：</td></tr>
<tr><td>制订计划</td><td colspan="4"></td></tr>
<tr><td rowspan="6">任务实施</td><td colspan="4">按照预先制订的工作计划，完成本任务，并记录任务实施过程。</td></tr>
<tr><td>序号</td><td>完成的任务</td><td>遇到的问题</td><td>解决办法</td></tr>
<tr><td></td><td></td><td></td><td></td></tr>
<tr><td></td><td></td><td></td><td></td></tr>
<tr><td></td><td></td><td></td><td></td></tr>
<tr><td></td><td></td><td></td><td></td></tr>
</table>

## 任务准备

【知识准备】

### 一、出血

血液（主要指红细胞）流出心脏、血管外，称为出血。血液流出体外，称为外出血；血液流入体腔或组织间隙内，称为内出血。

#### （一）出血的原因及类型

根据出血的原因可将其分为破裂性出血和渗出性出血 2 种。

**1. 破裂性出血**

破裂性出血指由于心脏、血管破裂而引起的出血。可发生于心脏、动脉、静脉和毛细血管，多为局限性。引起心脏、血管破裂性出血的原因主要有机械性损伤（如咬伤、刺伤、挫伤等）；血管壁被周围的病变（如肿瘤、炎症、溃疡等）侵蚀；心脏或血管壁本身病变（如心肌梗死、动脉硬化、动脉瘤、静脉曲张等），当动脉血压突然升高时，可引起血管破裂出血。

**2. 渗出性出血**

渗出性出血指毛细血管和微静脉壁的通透性升高，血液通过扩大的内皮细胞间隙和损伤的血管基底膜渗出到血管外。渗出性出血常见于浆膜、黏膜和脏器的被膜。引起渗出性出血的原因很多，概括起来主要有以下 4 种。

（1）血管壁受损。常见的病因有以下几种。一是缺氧，可使毛细血管内皮细胞变性、坏死，使血管壁受损；二是败血症（猪瘟、炭疽等）、立克次体感染、流行性出血热、蛇毒中毒、血液寄生虫病（如梨形虫病、弓形虫病等）和有机磷中毒等使毛细血管壁损伤，增加其通透性；三是维生素 C 缺乏可引起毛细血管通透性升高；四是药物过敏时引起变态反应性血管炎。

（2）血小板数量减少。血小板是维持毛细血管通透性的重要因素，血小板减少到一定数量时即可发生渗出性出血，如再生障碍性贫血、白血病、骨髓内广泛性肿瘤转移等均可使血小板生成减少；原发性血小板减少性紫癜、血栓性血小板减少性紫癜、弥散性血管内凝血（DIC）使血小板破坏或消耗过多；某些药物在体内诱发抗原抗体复合物免疫反应，血小板被巨噬细胞所吞噬；一些细菌的内毒素和外毒素也有破坏血小板的作用等。

（3）血小板功能障碍。血小板的结构和功能缺陷也能引起渗出性出血，这类疾病很多是先天性的，如血小板功能不全和血小板颗粒缺乏症，血小板黏集能力降低，可因凝血障碍而导致渗出性出血。

（4）凝血因子缺乏。凝血因子Ⅷ、凝血因子Ⅸ、纤维蛋白原、凝血酶原及凝血因子Ⅳ、凝血因子Ⅴ、凝血因子Ⅶ、凝血因子Ⅹ、凝血因子Ⅺ等因子的先天性缺乏或肝实质疾病时使凝血因子Ⅶ、凝血因子Ⅸ、凝血因子Ⅹ合成减少等，均可引起渗出性出血。

### （二）出血的病理变化

#### 1. 破裂性出血的病理变化

破裂性出血的病理变化常因损伤的血管不同而异。小动脉发生破裂时，由于血压高而出血量多，出血速度快，常呈喷射状；静脉血压低，呈涌出状，颜色暗红。出血后血液积聚于体腔称为积血，在局部形成半球形的称为血肿，脑出血又称为脑溢血，混有血液的尿液称为血尿，混有血液的粪便称为血便，肺出血称为咯血，胃出血称为吐血或呕血。

#### 2. 渗出性出血的病理变化

渗出性出血时，红细胞可通过通透性增高的血管壁漏出血管外。渗出性出血只发生于毛细血管、小动脉及小静脉。出血常伴发组织或细胞的变性或坏死。渗出性出血因出血范围大小不同而有所差别。其常见的病理变化有以下 3 种。

（1）出血点。出血点又称瘀点，出血量少，出血范围在 1 mm 以内，通常见于浆膜、黏膜和肝、肾等器官的表面。

（2）出血斑。出血斑又称瘀斑，其出血量较多，出血部位直径在 1～10 mm。

（3）出血性浸润。血液弥散地浸透于组织间隙，使出血的局部呈大片暗红色。

此外，当机体有全身性出血倾向时，则称为出血性素质。

### （三）出血对机体的影响

出血对机体的影响取决于出血发生的原因、部位、出血量和出血持续的时间。当心脏或一些较大动脉发生较大破裂而出血时，常在短时间内引起大量失血，若失血量超过总血量的 30%，血压急剧下降，发生休克而死亡。一般体表的小血管破裂出血，可自行止血，对机体的影响不大。如果出血发生在脑部或心脏，即使是少量的出血，也常常会造成严重的后果，甚至导致患病动物死亡。流入体腔或组织内的血液，随着时间的延长而被吸收、机化或包裹。渗出性出血的过程比较缓慢，出血量较少，一般不会引起严重的后果。但发生长期持续性或广泛性的少量出血时，则可引起全身性贫血。

## 二、梗死

局部组织或器官因动脉血流中断引起的组织坏死称为梗死。

### （一）梗死的原因

任何能引起动脉血管腔闭塞的原因均可引起梗死。

**1. 动脉阻塞**

血栓形成和栓塞是引起动脉阻塞而导致梗死的最常见原因。如心脏冠状动脉和脑动脉的血栓，可引起心肌梗死和脑梗死。

**2. 动脉受压**

动脉受机械性压迫而致管腔闭塞也可引起梗死。如肿瘤、炎症包块、腹水、肠套叠、肠扭转等。

**3. 动脉痉挛**

单纯动脉痉挛一般不会引起梗死，但在严重的动脉粥样硬化病变的基础上，当动脉壁受到刺激时，可引起反射性痉挛（如冠状动脉、脑动脉粥样硬化时发生的痉挛），可使管腔完全闭塞而引起梗死。

### （二）梗死的类型及病理变化

根据梗死灶的颜色和含血量的多少可将梗死分为贫血性梗死（白梗死）和出血性梗死（红梗死）。

**1. 贫血性梗死**

贫血性梗死常发生于侧支循环不丰富、组织结构致密的心脏、肾、脾、肝、脑等器官。当这些器官的动脉被阻塞时，血流中断，其分支及邻近动脉发生反射性痉挛，将梗死灶内的血液排挤出去，使梗死灶呈灰白色，故称为贫血性梗死。

贫血性梗死灶的形态与梗死区的血管分布相一致。肾和脾等动脉呈树枝状分布，梗死灶呈锥体形，表面呈圆形或不正圆形，切面呈楔形。心脏冠状动脉分支不规则，故心肌梗死灶呈不规则状（地图形）。

梗死灶形成后，多因其吸收水分，肿胀而隆起于器官表面。经数日后，梗死组织变干、变硬，表面略微低陷；梗死灶与正常组织分界处常有明显的充血和出血带，称为炎性反应带。镜检可见梗死区的实质细胞坏死，坏死细胞均质红染，核浓缩、碎裂或溶解消失。有时坏死灶中还见有钙盐沉着和结缔组织增生。

**2. 出血性梗死**

出血性梗死常发生于组织疏松及血管吻合支丰富的肺、脾、胃、肠等器官。除动脉血管阻塞外，往往还有严重的淤血，此时由于静脉和毛细血管内压升高，影响动脉侧支循环的建立。例如，肺有双重血液循环供应，一支被阻塞，另一支虽有血液流注，但它不能克服梗死灶内淤血的阻力，于是血液停滞在梗死灶，血管壁缺氧，通透性升高而出血，使梗死灶呈暗红色，故称为出血性梗死。肉眼观察，梗死灶切面湿润，呈黑红色，与周围组织界线清楚。光学显微镜下，组织结构模糊，甚至消失，小血管内充满血液，间质水肿出血。

### （三）梗死结局和对机体的影响

梗死对机体的影响，常因梗死发生的器官、部位、大小以及梗死区有无感染等不同而异。总体来看，一般器官发生的小梗死灶通常对机体的影响不大，但心脏和大脑发生梗死时，即使是范围很小的梗死灶也可引起严重的后果。若梗死灶内有病原微生物感染，则易继发化脓或腐败，使动物继发败血症而死亡。

梗死灶形成时，病灶周围的血管扩张充血，并有白细胞和巨噬细胞浸润，继而形成肉芽组织。在梗死发生24~48 h后，肉芽组织已开始从梗死灶周围长入病灶内，小的病灶可被肉芽组织取代后变为瘢痕；大的梗死灶不能被完全机化时，则由肉芽组织包裹，有时可发生钙化。

【材料准备】

出血与梗死案例、病理标本、病理切片。

【工具准备】

虚拟仿真软件。

【人员准备】

人员分组，每组5人，明确职责分工（表1-4-2）。

**表1-4-2　任务分配**

| 任务角色 | 任务内容 |
| --- | --- |
| 组长 | 组织小组成员讨论相关充血的理论知识点，分配工作任务，督促完成任务，汇总理论知识点并组织完成知识的迁移学习 |
| 组员1 | 通过虚拟仿真软件、标本和切片观察探讨出血、梗死的相关论述；主持讨论出血、梗死的概念 |
| 组员2 | 通过虚拟仿真软件、标本和切片观察探讨出血、梗死的相关论述；准确描述梗死的类型及其病理变化特点 |
| 组员3 | 通过虚拟仿真软件、标本和切片观察探讨出血、梗死的相关论述；准确判断不同类型出血的原因及病理变化 |
| 组员4 | 通过虚拟仿真软件、标本和切片观察探讨出血、梗死的相关论述；分析贫血性梗死和出血性梗死的典型病理变化 |

## 任务筹划

完成识别出血与梗死的病理变化任务，需要筹划以下3个方面的事项。

（1）现代社会信息技术日新月异，学习知识的途径不再拘束于实体教材和相关书籍，所以学生在课堂以及课后的学习过程中应充分利用校内虚拟仿真软件、手机等工具，以便迅速解决器官内部病变对照查看，及时上网查阅相关信息。

（2）任务完成过程中，必须对出血、梗死概念深入理解并记忆，完成学习后能够准确复述重点概念和知识。

（3）在了解出血、梗死的类型及其病理变化过程中，要特别注意理解并记忆不同类型病变的区别，不同类型的对比学习对于知识的理解起着至关重要的作用。

流程筹划：图片感知→熟悉概念→观察标本→描述病变→识别病变→区分类型。

## 任务实施

步骤一：通过虚拟仿真软件、标本和切片观察探讨出血、梗死的相关论述；主持讨论出血、梗死的概念。

步骤二：准确描述梗死的类型及其病理变化特点。

步骤三：准确判断不同类型出血的原因及病理变化。

步骤四：分析贫血性梗死和出血性梗死的典型病理变化。

## 任务检测

请扫描二维码 1-4-1 进行答题。

**二维码 1-4-1**
**项目一任务四检测**

知识链接：出血性梗死的病理变化（二维码 1-4-2）。

**二维码 1-4-2**
**知识链接：出血性梗死的病理变化**

## 任务评价

根据任务完成情况，完成任务评价（表 1-4-3）。

**表 1-4-3　任务评价**

<table>
<tr><td colspan="2">班级：</td><td colspan="2">姓名：</td><td colspan="3">学号：</td></tr>
<tr><td>项目</td><td>评价内容</td><td>分值</td><td>自评</td><td>互评</td><td>师评</td></tr>
<tr><td rowspan="6">知识技能</td><td>正确表述出血、梗死的概念</td><td>10 分</td><td></td><td></td><td></td></tr>
<tr><td>准确描述梗死的类型及其病理变化特点</td><td>10 分</td><td></td><td></td><td></td></tr>
<tr><td>准确判断不同类型出血的原因及病理变化</td><td>10 分</td><td></td><td></td><td></td></tr>
<tr><td>能独立分析梗死的原因</td><td>10 分</td><td></td><td></td><td></td></tr>
<tr><td>能通过病理变化、显微镜观察结果收集血液循环障碍疾病相关资料</td><td>10 分</td><td></td><td></td><td></td></tr>
<tr><td>仔细对照，分析出血性梗死和贫血型梗死的典型病理变化</td><td>10 分</td><td></td><td></td><td></td></tr>
</table>

续表

| 班级： | | 姓名： | | 学号： | |
|---|---|---|---|---|---|
| 项目 | 评价内容 | 分值 | 自评 | 互评 | 师评 |
| 任务进度 | 提前完成 10 分；正常完成 7~9 分；超时完成 3~6 分；未完成 0~2 分 | 10 分 | | | |
| 任务质量 | 整体效果很好 10 分；较好 7~9 分；一般 3~6 分；较差 0~2 分 | 10 | | | |
| 素养表现 | 遵规守纪，独立思考，严谨探究，积极反思 | 10 分 | | | |
| 思政表现 | 人类与动物共享同一生态系统，公共卫生问题是人医、兽医、环境等领域共同面临的挑战；我们必须坚持“同一世界，同一健康”的理念，统筹各方力量加强公共卫生体系建设 | 10 分 | | | |
| 自我评价与总结 | | | | | |
| 教师点评 | | | | | |

# 任务五　分析局部血液循环障碍病变标本

## 任务导入

动物的血液循环系统复杂而精妙，它如同一张庞大的网络，连接着身体的每个角落，确保每个细胞都能得到充足的营养和氧气。当这个系统出现障碍时，机体就会遭受各种疾病的侵袭。那么，什么是局部血液循环障碍呢？它可能由哪些原因引起？当动物机体的某个部位血液循环不畅时，会出现哪些症状或体征？

请认真观察与局部血液循环障碍相关的病变标本，深入观察尸体剖检表现的病理变化，通过病理变化、显微镜观察结果收集血液循环障碍疾病相关资料。

根据任务情况，完成表 1-5-1 的任务工单。

**表 1-5-1　任务工单**

<table>
<tr><td colspan="2">班级：</td><td colspan="2">姓名：</td><td>学号：</td></tr>
<tr><td>任务名称</td><td colspan="4">分析局部血液循环障碍病变标本</td></tr>
<tr><td>任务描述</td><td colspan="4">根据实际情况，填写本任务的内容、目的、流程和方法。<br>任务内容：<br>任务目的：<br>任务流程：<br>任务方法：</td></tr>
<tr><td>获取信息</td><td colspan="4">要完成任务，需要掌握相关的知识。请收集资料，回答以下问题。<br>1. 什么是脑充血？<br>2. 简述猪瘟肠溃疡灶周边充血特征。<br>3. 肝淤血（“槟榔肝”）标本的特征有哪些？<br>4. 简述猪肾点状出血（“雀卵肾”）的特征。<br>5. 简述淋巴结大理石样变的特征。</td></tr>
<tr><td>制订计划</td><td colspan="4"></td></tr>
<tr><td rowspan="5">任务实施</td><td colspan="4">按照预先制订的工作计划，完成本任务，并记录任务实施过程。</td></tr>
<tr><td>序号</td><td>完成的任务</td><td>遇到的问题</td><td>解决办法</td></tr>
<tr><td></td><td></td><td></td><td></td></tr>
<tr><td></td><td></td><td></td><td></td></tr>
<tr><td></td><td></td><td></td><td></td></tr>
</table>

## 任务准备

【知识准备】

**1. 肺淤血**

肉眼观察：肺胸膜紧张光滑，表面和切面呈暗红色，流出大量红色泡沫样液体。

镜检：肺泡壁和小静脉血管扩张，充满红细胞，肺泡中充满水肿液，混有少量红细胞和心力衰竭细胞。

**2. 肝淤血**

肉眼观察：肝体积增大，被膜紧张，呈暗红色，切面呈红黄相间样花纹。

镜检：肝小叶中央静脉和小叶间血管扩张，充满大量的红细胞，窦状隙中也充满红细胞。肝细胞索零乱不整，肝细胞因淤血而发生不同程度的结构改变。

**3. 淋巴结出血**

肉眼观察：淋巴结体积肿大，包膜紧张，切面外翻，呈暗红色，切面的红色出血区域和白色淋巴结髓质呈红白相间大理石样花纹。

镜检：淋巴滤泡和淋巴窦内、淋巴细胞中混有大量的红细胞，出血部位没有规则的边缘界线。

**4. 肠黏膜出血**

肉眼观察：肠黏膜肿胀，有的部位呈暗红色不规则条纹或斑块状，有的部位呈弥散性暗红色。

镜检：肠黏膜部分脱落，在黏膜上皮细胞间有大量红细胞浸润。

**5. 肾贫血性梗死**

肉眼观察：肾表面有灰黄色稍隆起的坏死灶，干燥无光泽，质地变硬，丧失正常肾结构，周边有明显的充血带。

镜检：坏死区域内肾小管上皮细胞崩解，肾小管网空虚并且体积缩小，多数细胞无细胞核，染色变淡。

**6. 脾出血性梗死**

肉眼观察：脾色泽暗红，边缘有几处大小不等、稍向表面隆起的黑褐色病灶，干燥，组织结构模糊不清。

镜检：梗死区域脾滤泡和脾窦内、淋巴细胞中混有大量的红细胞，形成出血性浸润，梗死区域内细胞数量减少，细胞皱缩，结构发生改变，多处形成空洞。

**7. 脑膜淤血**

肉眼观察：脑膜表面血管呈网状，充盈，呈暗红色。

【材料准备】

局部血液循环障碍案例、病理标本、病理切片。

【工具准备】

虚拟仿真软件。

【人员准备】

人员分组，每组 5 人，明确职责分工（表 1-5-2）。

**表 1-5-2　任务分配**

| 任务角色 | 任务内容 |
|---|---|
| 组长 | 组织小组成员讨论相关充血的理论知识点，分配工作任务，督促完成任务，汇总理论知识点并组织完成知识的迁移学习 |

续表

| 任务角色 | 任务内容 |
|---|---|
| 组员 1 | 通过虚拟仿真软件、标本和切片观察探讨局部血液循环障碍的相关论述；正确表述脑充血的病理变化 |
| 组员 2 | 通过虚拟仿真软件、标本和切片观察探讨局部血液循环障碍的相关论述；准确描述猪瘟肠溃疡灶周边充血的病理变化 |
| 组员 3 | 通过虚拟仿真软件、标本和切片观察探讨局部血液循环障碍的相关论述；准确描述肝淤血(“槟榔肝”）的病理变化 |
| 组员 4 | 通过虚拟仿真软件、标本和切片观察探讨局部血液循环障碍的相关论述；准确描述淋巴结大理石样变的病理变化，以及猪肾点状出血（“雀卵肾”）病理变化 |

## 任务筹划

完成分析局部血液循环障碍病变标本任务，需要筹划以下 3 个方面的事项。

（1）现代社会信息技术日新月异，学习知识的途径不再拘束于实体教材和相关书籍，所以学生在课堂以及课后的学习过程中应充分利用校内虚拟仿真软件、手机等工具，以便迅速解决器官内部病变对照查看，及时上网查阅相关信息。

（2）任务完成过程中，必须对局部血液循环障碍概念深入理解并记忆，完成学习后能够准确复述重点概念和知识。

（3）在观察局部血液循环障碍标本过程中，要特别注意理解并记忆不同类型病变的区别，不同类型的对比学习对于知识的理解起着至关重要的作用。

流程筹划：图片感知→熟悉概念→观察标本→描述病变→识别病变→区分类型。

## 任务实施

步骤一：通过虚拟仿真软件、标本和切片观察探讨局部血液循环障碍的相关论述；正确表述脑充血的病理变化。

步骤二：准确描述猪瘟肠溃疡灶周边充血的病理变化。

步骤三：准确描述肝淤血（“槟榔肝”）的病理变化。

步骤四：准确描述淋巴结大理石样变的病理变化以及猪肾点状出血（“雀卵肾”）病理变化。

## 任务检测

请扫描二维码 1-5-1 进行答题。

**二维码 1-5-1**
**项目一任务五检测**

## 任务评价

根据任务完成情况，完成任务评价（表 1-5-3）。

**表 1-5-3　任务评价**

| 班级： | 姓名： | | 学号： | | |
|---|---|---|---|---|---|
| 项目 | 评价内容 | 分值 | 自评 | 互评 | 师评 |
| 知识技能 | 正确表述脑充血的病理变化 | 10 分 | | | |
| | 准确描述猪瘟肠溃疡灶周边充血的病理变化 | 10 分 | | | |
| | 准确描述肝淤血（“槟榔肝”）的病理变化 | 10 分 | | | |
| | 能通过标本观察识别局部血液循环障碍 | 10 分 | | | |
| | 准确描述淋巴结大理石样变的病理变化 | 10 分 | | | |
| | 准确描述猪肾点状出血（“雀卵肾”）的病理变化 | 10 分 | | | |
| 任务进度 | 提前完成 10 分；正常完成 7~9 分；超时完成 3~6 分；未完成 0~2 分 | 10 分 | | | |
| 任务质量 | 整体效果很好 10 分；较好 7~9 分；一般 3~6 分；较差 0~2 分 | 10 分 | | | |
| 素养表现 | 遵规守纪，独立思考，严谨探究，积极反思 | 10 分 | | | |
| 思政表现 | 人类与动物共享同一生态系统，公共卫生问题是人医、兽医、环境等领域共同面临的挑战；我们必须坚持“同一世界，同一健康”的理念，统筹各方力量加强公共卫生体系建设 | 10 分 | | | |
| 自我评价与总结 | | | | | |
| 教师点评 | | | | | |

# 项目二 水盐代谢障碍

## 项目导读

动物体内含有大量的液体，包括水分和溶解于其中的各种物质，统称为体液。它占动物体重的60%~70%，其中2/3存在于细胞内称细胞内液，1/3存在于细胞外称细胞外液。细胞外液中的电解质，阳离子以$Na^+$为主，占阳离子总量的90%以上，其他任何阳离子都不能代替$Na^+$，$Na^+$的浓度是影响细胞外液渗透压的主要因素；阴离子以$Cl^-$、$HCO_3^-$为主，$Cl^-$可被$HCO_3^-$、$PO_4^{3-}$和有机酸根等阴离子所代替。细胞内液的电解质，阳离子是以$K^+$为主，阴离子以$PO_4^{3-}$和蛋白质为主。细胞内液是大多数化学反应进行的场所；而细胞外液主要包括血浆和组织液（细胞间液），还有少量的淋巴液、脑脊液等，是组织细胞摄取营养、排出代谢产物的内环境。在正常情况下，动物机体水、电解质的摄入与排出保持着动态平衡，细胞间液的产生与回流也保持着动态平衡，体液的电解质浓度、渗透压和pH值等理化特性，均在一定范围内保持着相对的稳定性。一旦这种平衡遭到破坏，即可引起水盐代谢障碍和酸碱平衡紊乱，各器官系统机能发生障碍，甚至导致严重的后果。

本项目从体液稳态入手，通过行动导向“六步法”（任务导入→任务准备→任务筹划→任务实施→任务检测→任务评价）的操作流程，了解水肿和脱水的原因、分类、基本病理变化及治疗原则等的相关知识，掌握酸碱平衡紊乱的基本病因及主要的临床和病理特征，熟悉各类酸碱中毒的治疗原则。

## 知识目标

（1）掌握水肿、脱水以及代谢性酸中毒、代谢性碱中毒、呼吸性酸中毒和呼吸性碱中毒的概念。

（2）了解各类水肿、脱水以及酸碱平衡紊乱的病因。

（3）熟悉水肿、脱水以及酸碱平衡紊乱的临床特征及基本病理变化。

(4) 掌握水肿、脱水以及酸碱中毒的基本治疗原则。

## 技能目标

(1) 能够运用水肿的基本知识和理论，对临床水肿类疾病进行正确判断和病因分析。

(2) 能够正确识别各个组织器官水肿时的病理变化特征。

(3) 在兽医临床中，能分析不同类型脱水和酸中毒的病理过程并对发生脱水与酸中毒的病例进行正确判断和处理。

## 素养目标

(1) 树立安全意识。熟知野外工作安全常识，不因自己的行为给自己和他人带来危险。

(2) 提升独立思考能力。能积极学习领悟所学内容，独立思考，灵活运用所学知识解决新的问题。

(3) 有发现问题、提出问题并解决问题的兴趣和热情，主动承担工作任务及责任，制订合理的问题解决方案。

## 思政目标

(1) 水是生命的源泉，是人类赖以生存和发展的不可缺少的物质资源。人的生命一刻也离不开水，所以节约用水需要每个人从自身做起。

(2) 通过分析水盐代谢障碍，提高学生的健康意识和健康素养，提高他们的责任感和自我保健能力。

# 任务一　熟悉水肿

### 任务导入

过多的水液在组织间隙或体腔中积聚，称为水肿。通常所称的水肿指组织间隙内的体液增多，当大量液体积聚在浆膜腔时称积水或积液，如胸腔积水、心包积水等，是水肿的特殊形式。如细胞内液积聚过多，使细胞肿胀时，称为细胞水肿。水肿不是一种独立的疾病，而是许多疾病中都可能出现的一种重要的病理过程和体征。

请认真理解水肿的概念及其分类，深入了解水肿产生的原因及其机理，熟悉并描述各组织器官水肿的基本病理变化，绘制肺水肿和肝水肿的显微病变图，并总结归纳水肿对机体可能的影响。

根据任务情况，完成表 2-1-1 的任务工单。

**表 2-1-1　任务工单**

<table>
<tr><td colspan="2">班级：</td><td colspan="2">姓名：</td><td>学号：</td></tr>
<tr><td>任务名称</td><td colspan="4">熟悉水肿</td></tr>
<tr><td>任务描述</td><td colspan="4">根据实际情况，填写本任务的内容、目的、流程和方法。<br>任务内容：____________________<br>任务目的：____________________<br>任务流程：____________________<br>任务方法：____________________</td></tr>
<tr><td>获取信息</td><td colspan="4">要完成任务，需要掌握相关的知识。请收集资料，回答以下问题。<br>1. 什么是水肿？<br>2. 水肿的分类有哪些？<br>3. 描述水肿的原因及机理。<br>4. 不同组织器官水肿的主要病理变化有哪些？</td></tr>
<tr><td>制订计划</td><td colspan="4"></td></tr>
<tr><td rowspan="6">任务实施</td><td colspan="4">按照预先制订的工作计划，完成本任务，并记录任务实施过程。</td></tr>
<tr><td>序号</td><td>完成的任务</td><td>遇到的问题</td><td>解决办法</td></tr>
<tr><td></td><td></td><td></td><td></td></tr>
<tr><td></td><td></td><td></td><td></td></tr>
<tr><td></td><td></td><td></td><td></td></tr>
<tr><td></td><td></td><td></td><td></td></tr>
</table>

## 任务准备

【知识准备】

### 一、水肿的分类

（1）按发生范围，可分为全身性水肿和局部性水肿。

（2）按部位，可分为脑水肿、肺水肿、皮下水肿（浮肿）、喉头水肿、视神经乳头水肿等。

（3）按临床表现，可分为隐性水肿和显性水肿。

（4）按发生原因，可分为心性水肿、肝性水肿、肾性水肿等。

## 二、水肿的类型

**1. 心性水肿**

心性水肿指由于心功能不全而引起的全身性或局部性水肿，多表现为皮下水肿、胸水和腹水增多等。其发生机理主要包括：水、钠滞留；毛细血管流体静压升高；静脉回流障碍。

**2. 肾性水肿**

肾功能不全引起的水肿称为肾性水肿，以机体组织疏松部位，如眼睑、腹部皮下、公畜阴囊等处表现明显。其发生机理主要包括：肾排水、排钠减少；血浆胶体渗透压降低；毛细血管通透性升高。

**3. 肝性水肿**

肝性水肿指肝功能不全引起的全身性水肿，常表现为腹水生成增多。其发生机理主要包括：肝静脉回流受阻；血浆胶体渗透降低；水、钠滞留。

**4. 肺水肿**

在肺泡腔及肺间质内蓄积大量体液时称为肺水肿。其发生机理主要包括：肺泡壁毛细血管和肺泡上皮损伤；肺毛细血管流体静压升高；大量输入晶体溶液。

**5. 脑水肿**

脑组织体液含量增多而引起的脑容积扩大，称为脑水肿。包括细胞内水肿和细胞间液积聚过多两种情况。脑水肿常表现为颅腔内压升高。其发生机理：毛细血管通透性升高；细胞膜钠泵功能障碍；脑脊髓液循环障碍。

## 三、常见水肿组织器官的病理变化

**1. 肺水肿**

肉眼观察：肺体积增大，重量增加，质地变实，被膜紧张，边缘钝圆，切面外翻，流出大量淡黄红色、泡沫样液体。透明感增强，肺间质增宽。

镜检：肺泡壁毛细血管扩张充满红细胞，肺泡腔内含大量均质红染的水肿液，水肿液中有脱落的上皮细胞，肺间质因水肿液积聚而增宽。

**2. 肝水肿**

肉眼观察：肝变化不明显，肝稍肿大，质地变实，颜色变淡。

镜检：肝小叶的狄氏间隙极度扩张，充满均质粉红染的浆液，肝细胞受压迫而萎缩。

**3. 脑水肿**

肉眼观察：软脑膜充血，脑回变宽而扁平，脑沟变浅。脉络丛血管淤血，脑室扩张，脑脊髓液增多。

镜检：软脑膜和脑实质内毛细血管充血，血管周围淋巴间隙扩张，充满水肿液。神经细胞肿胀，体积变大，细胞质内出现大小不等的水泡，核偏位，严重时可见核浓缩、核溶解，甚至核消失。神经细胞内尼氏小体数量明显减少。脑组织疏松，神经细胞和血管周围因水肿液积聚而使间隙加宽。

**4. 皮下水肿**

肉眼观察：皮肤肿胀，弹性下降，指压留痕，如生面团状。切面流出大量淡黄色、透明、清亮液体，皮下结缔组织富含液体，呈胶冻样。

镜检：皮下组织间隙增宽，结缔组织疏松，胶原纤维肿胀，彼此分离。组织间隙中有大量均质红染的水肿液。

**5. 胃壁水肿**

肉眼观察：胃壁增厚，黏膜湿润有光泽，透明感增强。切面外翻，流出大量无色或淡黄色透明液体，黏膜下层明显增宽，呈透明胶冻样。

镜检：胃壁黏膜固有层、黏膜下层，甚至肌层和浆膜层的间质中有大量均质红染的液体，组织松散，黏膜上皮细胞、胶原纤维、平滑肌彼此分离。

**6. 肾盂积水大体标本**

肉眼观察：肾盂、肾盏扩张，呈大小不一的空腔，肾实质萎缩。

知识链接：水肿的原因和机理（二维码 2-1-1）。

**二维码 2-1-1**

**知识链接：水肿的原因和机理**

知识链接：水肿组织器官的显微变化（二维码 2-1-2）。

**二维码 2-1-2**

**知识链接：水肿组织器官的显微变化**

知识链接：营养不良性水肿（二维码 2-1-3）。

**二维码 2-1-3**

**知识链接：营养不良性水肿**

【材料准备】

水肿相关的大体标本、水肿的病理组织切片。

【工具准备】

光学显微镜、签字笔、红蓝铅笔、直尺、报告纸。

【人员准备】

人员分组，每组 5 人，明确职责分工（表 2-1-2）。

表 2-1-2　任务分配

| 任务角色 | 任务内容 |
| --- | --- |
| 组长 | 组织小组成员讨论相关水肿的概念、分类、原因及机理；复述工作内容及工作流程，分配工作任务，督促完成任务，汇总知识点并组织完成知识的迁移学习 |
| 组员 1 | 整理水肿的病因（心性水肿、肾性水肿、肝性水肿以及营养不良性水肿），判断可能引起的水肿类型，并分析其发生的机理 |
| 组员 2 | 观察水肿相关的大体标本，描述各组织器官水肿时的主要肉眼变化 |
| 组员 3 | 观察水肿相关的组织切片，描述各组织器官水肿时的主要镜下特征，绘制肺水肿的镜下病理特征 |
| 组员 4 | 观察水肿相关的组织切片，描述各组织器官水肿时的主要镜下特征，绘制肝水肿的镜下病理特征 |

## 任务筹划

完成熟悉水肿任务，需要筹划以下 3 个方面的事项。

（1）熟悉水肿的基本概念和分类。

（2）能够运用水肿的基本知识和理论，对临床水肿类疾病进行正确判别和病因分析。

（3）能够正确识别各个组织器官的水肿变化，并准确描述其病理变化特征。

内容筹划：掌握并能够识别常见组织器官水肿的眼观和镜检病理变化。

流程筹划：复述水肿的基本概念及基本分类→整理临床水肿类疾病，并对其进行病因分析→观看水肿的大体标本，描述其主要肉眼变化→显微镜下观察并描述水肿时各组织器官的病理变化特征→绘制肺水肿和肝水肿的镜下病理特征。

方法筹划：观看水肿的大体标本，描述其主要肉眼变化；显微镜下观察并描述水肿时各组织器官的病理变化特征；绘制肺水肿和肝水肿的镜下病理特征。

## 任务实施

步骤一：掌握水肿的基本概念及基本分类。

步骤二：整理临床水肿类疾病，并对其进行病因分析。

步骤三：观看水肿的大体标本，描述其主要肉眼变化。

步骤四：显微镜下观察并描述水肿时各组织器官的病理变化特征。

步骤五：绘制肺水肿和肝水肿的镜下病理特征。

## 任务检测

请扫描二维码 2-1-4 进行答题。

二维码 2-1-4
项目二任务一检测

## 任务评价

根据任务完成情况，完成任务评价（表 2-1-3）。

**表 2-1-3　任务评价**

<table>
<tr><td colspan="2">班级：</td><td colspan="2">姓名：</td><td colspan="3">学号：</td></tr>
<tr><td>项目</td><td>评分标准</td><td>分值</td><td>自评</td><td>互评</td><td>师评</td></tr>
<tr><td rowspan="3">整理水肿的基本概念和原因</td><td>完整复述水肿的基本概念和分类 10 分；复述较好 7~9 分；复述良好 3~6 分；不能复述 0~2 分</td><td>10 分</td><td></td><td></td><td></td></tr>
<tr><td>完整复述水肿的病因 10 分；复述较好 7~9 分；复述良好 3~6 分；不能复述 0~2 分</td><td>10 分</td><td></td><td></td><td></td></tr>
<tr><td>完整复述水肿的发生机制 10 分；复述较好 7~9 分；复述良好 3~6 分；不能复述 0~2 分</td><td>10 分</td><td></td><td></td><td></td></tr>
<tr><td rowspan="2">水肿的大体标本观察和描述</td><td>完整复述各组织器官水肿的大体结构变化 10 分；复述较好 7~9 分；复述良好 3~6 分；不能复述 0~2 分</td><td>10 分</td><td></td><td></td><td></td></tr>
<tr><td>在标本上能够指出各组织器官水肿的基本病理变化 10 分；完成较好 7~9 分；完成良好 3~6 分；不能完成 0~2 分</td><td>10 分</td><td></td><td></td><td></td></tr>
<tr><td rowspan="5">水肿的病理组织切片观察和描述</td><td>完整复述各组织器官水肿的显微变化 10 分；复述较好 7~9 分；复述良好 3~6 分；不能复述 0~2 分</td><td>10 分</td><td></td><td></td><td></td></tr>
<tr><td>在显微镜下，能够指出各组织器官水肿的基本病理变化 10 分；完成较好 7~9 分；完成良好 3~6 分；不能完成 0~2 分</td><td>10 分</td><td></td><td></td><td></td></tr>
<tr><td>以蓝色表示细胞核、红色表示细胞质；正确绘制出肺水肿的显微变化 10 分</td><td>10 分</td><td></td><td></td><td></td></tr>
<tr><td>以蓝色表示细胞核、红色表示细胞质；正确绘制出肝水肿的显微变化 10 分</td><td>10 分</td><td></td><td></td><td></td></tr>
<tr><td>以蓝色表示细胞核、红色表示细胞质；正确绘制出脑水肿的显微变化 10 分</td><td>10 分</td><td></td><td></td><td></td></tr>
<tr><td>自我评价与总结</td><td colspan="5"></td></tr>
<tr><td>教师点评</td><td colspan="5"></td></tr>
</table>

# 任务二　了解脱水

## 任务导入

机体在某些情况下，由于水和电解质的摄入不足或丢失过多，而引起体液总量减少，并出现一系列功能、代谢紊乱的病理现象，称为脱水。脱水是水和电解质代谢紊乱的一种病理过程，机体丢失水分的同时，也伴有电解质（主要是 $Na^+$）的丢失，引起血浆渗透压改变。根据脱水时血浆渗透压的改变，可将脱水分为高渗性脱水、低渗性脱水和等渗性脱水三种类型。以水分丢失为主，盐分丢失较少的一种脱水称为高渗性脱水，又称缺水性脱水、单纯性脱水。该型脱水的特点是血液浓缩，血清 $Na^+$ 浓度、血浆渗透压升高（超过正常最高值），患病动物口渴，尿少、尿密度增加，细胞脱水、皮肤皱缩。盐分丢失多于水分丢失的脱水为低渗性脱水，又称为缺盐性脱水。该型脱水的特点是血清 $Na^+$ 浓度及血浆渗透压均低于正常。血浆容量及组织间液减少，细胞水肿。患病动物无口渴感，早期出现多尿及尿密度下降，后期易发生低血容量性休克。机体失水、失钠比例大致相等的脱水称为等渗性脱水，又称混合性脱水。该型脱水在兽医临床上最为常见，其特点是水和钠同时大量丢失，细胞外液容量减少，血浆渗透压基本无变化。但因肺、皮肤不断排出部分水，可使渗透压稍升高。

请认真理解脱水的概念及其分类，深入了解脱水产生的原因及其机理，熟悉并描述各类脱水的临床表现，并总结归纳各类脱水的治疗原则。

根据任务情况，完成表 2-2-1 的任务工单。

**表 2-2-1　任务工单**

| 班级： | 姓名： | 学号： |
|---|---|---|
| 任务名称 | 了解脱水 | |
| 任务描述 | 根据实际情况，填写本任务的内容、目的、流程和方法。<br>任务内容：______<br>任务目的：______<br>任务流程：______<br>任务方法：______ | |
| 获取信息 | 要完成任务，需要掌握相关的知识。请收集资料，回答以下问题。<br>1. 什么是脱水？<br>2. 脱水的分类有哪些？<br>3. 梳理脱水的原因及机理。<br>4. 不同脱水类型的主要临床表现有哪些？<br>5. 脱水的治疗原则是什么？ | |

续表

<table>
<tr><td>班级：</td><td colspan="2">姓名：</td><td colspan="2">学号：</td></tr>
<tr><td>制订计划</td><td colspan="4"></td></tr>
<tr><td rowspan="6">任务实施</td><td colspan="4">按照预先制订的工作计划，完成本任务，并记录任务实施过程。</td></tr>
<tr><td>序号</td><td>完成的任务</td><td>遇到的问题</td><td>解决办法</td></tr>
<tr><td></td><td></td><td></td><td></td></tr>
<tr><td></td><td></td><td></td><td></td></tr>
<tr><td></td><td></td><td></td><td></td></tr>
<tr><td></td><td></td><td></td><td></td></tr>
</table>

## 任务准备

【知识准备】

### 一、脱水原因

三种类型脱水的主要原因如表 2-2-2 所示。

**表 2-2-2　三种类型脱水的主要原因**

| 类型 | 原因 |
|---|---|
| 高渗性脱水 | 水源断绝；咽炎、食道阻塞、破伤风等疾病引起的饮水障碍；使用利尿剂过多；肾浓缩功能不全；发热等水消耗增多 |
| 低渗性脱水 | 体液丢失后饮水过多或补液不当；严重腹泻、呕吐；慢性肾功能不全，钠重吸收障碍；过多使用双克塞等排钠利尿剂 |
| 等渗性脱水 | 低渗性脱水时补水不充分；胸水、腹水；严重腹痛、肠梗阻时，肠液分泌增多，大量血浆漏入腹腔 |

高渗性脱水主要由于饮水不足和低渗性体液丢失过多。其中，饮水不足主要见于动物长时间在沙漠或山地运输、放牧，因水源断绝而饮水不足又消耗过多；因消化道疾病如咽炎、食道阻塞等或由于破伤风等疾病引起的饮水障碍。低渗性体液丢失过多常见的丢失途径包括经胃肠道丢失，经皮肤、肺脏丢失，经肾脏丢失。另外，过量或不适当地使用利尿药、泻下药等，也会引起高渗性脱水。

低渗性脱水主要由于补液不当和大量 $Na^+$经肾丢失。

等渗性脱水在兽医临床上最为常见，其主要原因是一些疾病过程中大量等渗性体液丢失。如呕吐、腹泻时，丢失大量的消化液；剧烈而持续的腹痛、肠梗阻、肠变位时，因大量出汗，肠液分泌增多和大量血浆漏入腹腔而丢失大量等渗性体液；大面积烧伤、中暑、大出汗时，大量的体液从皮肤渗出；胸水和腹水量大时也会导致等渗性体液的丢失。

## 二、三种类型脱水的主要特点

三种类型脱水的主要特点比较如表 2-2-3 所示。

**表 2-2-3　三种类型脱水的主要特点比较**

| 类型 | 失水与失钠比较 | 渗透压 | 临诊表现 | 对机体的影响 | 治疗原则 |
| --- | --- | --- | --- | --- | --- |
| 高渗性 | 失水>失钠 | 增高 | 口干口渴，尿少，比重增加，发热，皮肤干燥 | 脱水热、酸中毒、自体中毒 | 盐水比 1：2 |
| 低渗性 | 失水<失钠 | 降低 | 初尿多，比重降低，不口渴，细胞肿胀 | 低血容量性休克、酸中毒、自体中毒 | 盐水比 2：1 |
| 等渗性 | 失水≈失钠 | 不变 | 细胞脱水，尿少，血压下降 | 低血容量性休克、心脏功能障碍 | 盐水比 1：1 |

## 三、脱水的一般治疗原则

脱水是一种常见的病理过程，在控制原发性疾病的基础上，可通过口服补液或静脉注射输液得以纠正、治疗。补液的基本原则是缺什么补什么，需（缺）多少补多少。

高渗性脱水以失水为主，兽医临床上常用 2 份 5%葡萄糖溶液加 1 份生理盐水进行输液治疗。低渗性脱水以失钠为主，临床上常用 2 份生理盐水加 1 份 5%葡萄糖溶液输液，严重时可用高渗盐水替代生理盐水，若单纯输注葡萄糖溶液可能引起水中毒。等渗性脱水时，水、钠等比例丧失，临床上常用 1 份 5%葡萄糖溶液加 1 份生理盐水来进行治疗。输液足量的参考标准如下：患病动物精神好转，脱水的症状、体征减轻或消失，脉搏数、呼吸次数和尿量恢复正常，眼结膜由蓝紫色恢复正常色彩，实验室检查血清 $Na^+$浓度、红细胞压积基本恢复正常。

## 四、红细胞失水和吸水

机体脱水，也会引起红细胞的形态变化。其中，红细胞失水指红细胞内部水分减少，导致细胞体积减小。红细胞的失水主要通过渗透调节来实现。当红细胞周围环境的溶液浓度高于细胞内的溶液浓度时，水分就会通过渗透作用从红细胞内部流失，导致红细胞的脱水。相反地，当红细胞周围环境的溶液浓度低于细胞内的溶液浓度时，水分就会通过渗透作用从外部进入红细胞内部，实现红细胞的吸水，体积增大。

知识链接：三种类型脱水的血液学变化（二维码 2-2-1）。

**二维码 2-2-1**

**知识链接：三种类型脱水的血液学变化**

知识链接：家畜正常红细胞压积（二维码2-2-2）。

二维码2-2-2
知识链接：家畜正常红细胞压积

【材料准备】

兔（或犬、猪、鸡）抗凝血，10%、0.9%、0.1%的3种浓度氯化钠溶液。

【工具准备】

显微镜、带凹槽的载玻片、滴管、记号笔、签字笔、报告纸。

【人员准备】

人员分组，每组5人，明确职责分工（表2-2-4）。

**表2-2-4　任务分配**

| 任务角色 | 任务内容 |
| --- | --- |
| 组长 | 组织小组成员讨论相关脱水的概念、分类、原因及机理；复述工作内容及工作流程，分配工作任务，督促完成任务，汇总知识点并组织完成知识的迁移学习 |
| 组员1 | 整理临床上能引起脱水的因素，并分析其原因和机理，提出治疗方案 |
| 组员2 | 在等渗溶液下，观察和描述正常红细胞的形态，并绘图 |
| 组员3 | 在高渗溶液下，观察和描述红细胞脱水时的形态变化，并绘图 |
| 组员4 | 在低渗溶液下，观察和描述红细胞吸水时的形态变化，并绘图 |

## 任务筹划

完成了解脱水工作，需要筹划以下3个方面的事项。

（1）熟悉脱水的基本概念和分类。

（2）能运用脱水的基本知识和理论，对临床上能引起脱水的疾病进行正确判别和病因分析。

（3）能复述红细胞脱水时的细胞变化，并绘制红细胞脱水时的形态变化。

（4）熟悉不同类型脱水后的主要治疗原则。

内容筹划：红细胞脱水实验。

流程筹划：复述脱水的基本概念及分类→整理临床上能引起脱水的疾病，并对其进行病因分析→总结整理不同类型脱水时的治疗原则→进行红细胞脱水实验，并绘制正常红细胞以及红细胞脱水和吸水后的形态变化。

方法筹划：将10%、0.9%、0.1%的3种浓度氯化钠溶液分别滴入3块载玻片凹槽内，数滴即可，勿太多，以防溢出；分别向各载玻片凹槽内不同浓度的氯化钠溶液中滴入抗凝血 1 滴；稍等片刻后，轮流将载玻片置于低倍镜下，观察红细胞状态，直至出现变化为止；将物镜换成高倍镜，再观察各载玻片凹槽内红细胞变化情况；绘制正常红细胞以及红细胞脱水和吸水后的形态变化。

## 任务实施

步骤一：掌握脱水的基本概念及基本分类。
步骤二：整理临床能引起动物脱水的疾病，并对其进行病因分析。
步骤三：了解不同脱水情况对机体的主要影响，并梳理脱水时的主要治疗原则。
步骤四：在等渗溶液下，观察和描述正常红细胞的形态。
步骤五：在高渗溶液下，观察和描述红细胞脱水时的形态变化。
步骤六：在低渗溶液下，观察和描述红细胞吸水时的形态变化。
步骤七：绘制正常红细胞以及红细胞脱水和吸水后的形态变化。

## 任务检测

请扫描二维码 2-2-3 进行答题。

**二维码 2-2-3**
**项目二任务二检测**

## 任务评价

根据任务完成情况，完成任务评价（表 2-2-5）。

**表 2-2-5　任务评价**

| 班级： | 姓名： | 学号： | | | |
|---|---|---|---|---|---|
| 项目 | 评分标准 | 分值 | 自评 | 互评 | 师评 |
| 整理脱水的基础知识 | 完整复述机体脱水的基本概念和分类 10 分；复述较好 7~9 分；复述良好 3~6 分；不能复述 0~2 分 | 10 分 | | | |
| | 完整复述三种脱水的原因 10 分；复述较好 7~9 分；复述良好 3~6 分；不能复述 0~2 分 | 10 分 | | | |
| | 完整复述三种脱水对机体的影响 10 分；复述较好 7~9 分；复述良好 3~6 分；不能复述 0~2 分 | 10 分 | | | |

续表

| 班级： | | 姓名： | | 学号： | |
|---|---|---|---|---|---|
| 项目 | 评分标准 | 分值 | 自评 | 互评 | 师评 |
| 正常红细胞形态观察 | 红细胞的形态观察，样本处理及显微镜操作规范 10 分，操作基本规范 5~9 分；基本不规范 3~5 分；不规范 0~2 分 | 10 分 | | | |
| | 描述正常红细胞的形态完全正确 10 分；基本正确 6~9 分；基本不正确 3~5 分；不正确 0~2 分 | 10 分 | | | |
| | 绘制正常红细胞的形态图完全正确 10 分；基本正确 6~9 分；基本不正确 3~5 分；不正确 0~2 分 | 10 分 | | | |
| 红细胞脱水时的形态变化 | 描述红细胞脱水时的形态完全正确 10 分；基本正确 6~9 分；基本不正确 3~5 分；不正确 0~2 分 | 10 分 | | | |
| | 绘制红细胞脱水时的形态图完全正确 10 分；基本正确 6~9 分；基本不正确 3~5 分；不正确 0~2 分 | 10 分 | | | |
| 红细胞吸水时的形态变化 | 描述红细胞吸水时的形态完全正确 10 分；基本正确 6~9 分；基本不正确 3~5 分；不正确 0~2 分 | 10 分 | | | |
| | 绘制红细胞吸水时的形态图完全正确 10 分；基本正确 6~9 分；基本不正确 3~5 分；不正确 0~2 分 | 10 分 | | | |
| 自我评价与总结 | | | | | |
| 教师点评 | | | | | |

# 任务三　认识酸碱平衡

## 任务导入

动物机体在新陈代谢过程中会不断地产生酸性或碱性产物，同时以饲草、饲料或饮水等形式进入体内的物质也有一部分呈酸性或碱性。动物机体可通过血液缓冲系统、肺和肾的调节功能以及细胞内外的离子交换等多种途径，使体液 pH 值始终稳定在一个狭窄的范围内（7.35~7.45）。机体这种维持内环境 pH 值相对恒定的过程，称为酸碱平衡。体内酸性物质主要包括挥发酸和非挥发酸两种。糖、脂肪、蛋白质完全氧化产生 $CO_2$，进入血液与 $H_2O$ 形成碳酸，由于碳酸又在肺部变成 $CO_2$ 排出体外，因此称碳酸为挥发性酸。非挥发酸包括蛋白质分解代谢产生的硫酸、磷酸和尿酸等；糖氧化分解过程中产生的柠檬酸、α-酮戊二酸、琥珀酸、苹果酸等；脂肪分解代谢产生的乙酰乙酸、β-羟丁酸等。由于这些酸不能经肺呼出，过量时必须由肾排出体外，故又称固定酸。体内碱性物质主要包括 $HCO_3^-$、氨基酸脱氨基产生的氨等。动物性饲料主要为蛋白质，其在体内分解代谢过程中产生硫酸、磷酸、尿酸等，故肉食动物产酸大于产碱；而草食动物一般产碱大于产酸。

请认真理解酸碱平衡的调节，深入了解酸碱平衡调节的途径，以及酸碱平衡常用的检测指标及其意义。

根据任务情况，完成表 2-3-1 的任务工单。

**表 2-3-1　任务工单**

<table>
<tr><td colspan="2">班级：</td><td colspan="2">姓名：</td><td>学号：</td></tr>
<tr><td>任务名称</td><td colspan="4">认识酸碱平衡</td></tr>
<tr><td>任务描述</td><td colspan="4">根据实际情况，填写本任务的内容、目的、流程和方法。<br>任务内容：____________<br>任务目的：____________<br>任务流程：____________<br>任务方法：____________</td></tr>
<tr><td>获取信息</td><td colspan="4">要完成任务，需要掌握相关的知识。请收集资料，回答以下问题。<br>1. 什么是机体的酸碱平衡？<br>2. 机体中酸性物质主要包括哪些？如何分类？<br>3. 酸碱平衡的调节途径主要有哪些？<br>4. 酸碱平衡的常用检测指标及其意义是什么？</td></tr>
<tr><td>制订计划</td><td colspan="4"></td></tr>
<tr><td rowspan="6">任务实施</td><td colspan="4">按照预先制订的工作计划，完成本任务，并记录任务实施过程。</td></tr>
<tr><td>序号</td><td>完成的任务</td><td>遇到的问题</td><td>解决办法</td></tr>
<tr><td></td><td></td><td></td><td></td></tr>
<tr><td></td><td></td><td></td><td></td></tr>
<tr><td></td><td></td><td></td><td></td></tr>
<tr><td></td><td></td><td></td><td></td></tr>
</table>

## 任务准备

【知识准备】

### 一、酸碱平衡调节途径

机体对酸碱平衡的调节主要是通过血液缓冲系统调节、肺的调节、肾的调节以及组织细胞的调节 4 个途径实现的。

**1. 血液缓冲系统调节**

血浆和红细胞内存在弱酸及弱酸盐组成的缓冲对，这些缓冲对共同构成血液的缓冲系统。

（1）碳酸氢盐-碳酸缓冲对。细胞外液中为 $NaHCO_3/H_2CO_3$，细胞内为 $KHCO_3/H_2CO_3$，是体内最大的缓冲系统。

（2）磷酸氢盐缓冲对。由 $Na_2HPO_4/NaH_2PO_4$ 构成，是红细胞和其他细胞内的主要缓冲对，特别是在肾小管内，作用更为重要。

（3）血浆蛋白（Pr）缓冲对。由 NaPr/HPr 构成，主要存在于血浆和细胞内。

（4）血红蛋白（Hb）缓冲对。由 KHb/HHb 和 $KHbO_2/HHbO_2$ 构成，是红细胞独有的缓冲对。

上述 4 对缓冲对，以碳酸氢盐-碳酸缓冲对的含量最高，其缓冲固定酸的能力占全血缓冲总量的 53%。故临床上常用血浆中这一对缓冲系统的量代表体内的缓冲能力。

**2. 肺的调节**

肺可通过改变呼吸运动的频率和幅度以控制 $CO_2$ 的排出量，从而调节血浆中的 $H_2CO_3$ 的浓度，维持血浆中 $HCO_3^-$ 和 $H_2CO_3$ 的正常比值，保持 pH 值相对恒定。

**3. 肾的调节**

肾主要通过排酸保碱和碱多排碱的方式排出体内过多的酸或碱，以维持体液的正常 pH 值。非挥发性酸和碱性物质主要通过肾排出体外。

**4. 组织细胞的调节**

组织细胞的调节作用主要是通过细胞内外离子交换进行的。红细胞、肌细胞都能参与这一过程。当细胞间液 $H^+$ 升高时，$H^+$ 弥散进入细胞内，而细胞内等量的 $K^+$ 移至细胞外，以维持细胞内外电荷平衡。当细胞间液 $H^+$ 浓度降低时，则上述过程相反。

### 二、酸碱平衡常用检测指标

**1. 酸碱度（pH 值）**

pH 值指体液内氢离子浓度的负对数，是反映体液总酸度的指标，受呼吸和代谢的共同影响。正常值为 7.35~7.45，平均值为 7.40。pH 值 $<7.35$ 为酸中毒，pH 值 $>7.45$ 为碱中毒。

**2. $CO_2$ 分压**

物理状态溶解于血浆中 $CO_2$ 所产生的压力。它是酸碱平衡呼吸因素的唯一指标。

**3. $CO_2$ 结合力**

$CO_2$ 结合力指血浆中呈化合状态的 $CO_2$ 量，理论上应与 $HCO_3^-$大致相等。

**4. 碱剩余（BE）**

在标准条件下，用酸或碱滴定 1 L 动物全血或血浆至 pH 值为 7.4 时，所用酸或碱的量。若用酸滴定，说明血中碱含量增多，即存在碱剩余，所得数值用正值表示；若用碱滴定，说明血中碱含量不足，即碱缺失，所得数值用负数表示。由于排除呼吸因素的影响，所以剩余碱是反映代谢因素的重要指标。

**5. 标准碳酸氢盐（SB）和实际碳酸氢盐（AB）**

标准碳酸氢盐（SB）指血标本在 37℃ 和血红蛋白完全氧合的条件下，用 $CO_2$ 分压为 40 mmHg（1 mmHg≈0.133 kPa）的气体平衡后所测得的血浆 $HCO_3^-$浓度。实际碳酸氢盐（AB）指隔绝空气的血液标本，在实际 $CO_2$ 分压和血氧饱和度条件下所测得的血浆 $HCO_3^-$浓度。它是反映酸碱平衡代谢因素的指标。当 AB 与 SB 相等且二者数值均正常时，则表示酸碱平衡相对稳定。二者都低于正常，则表示低于正常，表示代谢性酸中毒或代偿后的呼吸性碱中毒；二者都高于正常时，则表示代谢性碱中毒或代偿后的呼吸性酸中毒。$AB>SB$，表明 $CO_2$ 滞留体内，可见于呼吸性酸中毒及代偿后的代谢性碱中毒；$AB<SB$，表明 $CO_2$ 排出过多，提示呼吸性碱中毒或代谢性酸中毒。

**6. 缓冲碱（BB）**

血液中一切具有缓冲作用的碱性物质的总和。（负性离子总和）$HCO_3^-$、$Hb^-$、$HPO_4^{2-}$等。

知识链接：常见动物静脉血 pH 值、$CO_2$ 分压和 $CO_2$ 结合力参考值（二维码 2-3-1）。

**二维码 2-3-1**

**知识链接：常见动物静脉血 pH 值、$CO_2$ 分压和 $CO_2$ 结合力参考值**

【材料准备】

家兔（1.5~2.0 kg）、12% $NaH_2PO_4$、5% $NaHCO_3$、0.1%肾上腺素、20%乌拉坦溶液、生理盐水、0.2%肝素生理盐水。

【工具准备】

电子天平，血气分析仪，手术器械，气管插管，连有三通的动脉插管、静脉插管各一个，输液架、输液装置一套，注射器等。

【人员准备】

人员分组，每组 5 人，明确职责分工（表 2-3-2）。

**表 2-3-2　任务分配**

| 任务角色 | 任务内容 |
| --- | --- |
| 组长 | 组织小组成员讨论相关酸碱平衡的概念、调节途径以及常用检测指标；复述工作内容及工作流程，分配工作任务，督促完成任务，汇总知识点并组织完成知识的迁移学习 |
| 组员 1 | 动物麻醉，呼吸数和血压等指标的测定 |
| 组员 2 | 手术，采血，呼吸性酸中毒的复制 |
| 组员 3 | 呼吸性酸中毒的复制，血压和呼吸的测定 |
| 组员 4 | 动物剖检，肺病变观察和描述 |

## 任务筹划

完成认识酸碱平衡工作，需要筹划以下 3 个方面的事项。

（1）掌握机体酸碱平衡的基本概念和范围。

（2）熟悉机体酸碱平衡的主要途径，以及每条途径主要原理和作用。

（3）熟悉酸碱平衡的常用检测指标及其意义。

内容筹划：家兔正常血压、呼吸数及血气指标的测定，以及与呼吸性酸中毒时的比较。

流程筹划：家兔麻醉后正常血压、呼吸及血气指标的测定→呼吸性酸中毒的复制→呼吸性酸中毒时血压、呼吸及血气指标的测定。

## 任务实施

步骤一：动物称重、麻醉和固定。家兔称重后，用 20% 乌拉坦溶液（5 mL/kg）从耳缘静脉或腹腔缓慢注入，至动物完全麻醉，将兔固定于手术台上。

步骤二：手术操作。颈部剪毛，颈正中线切开皮肤约 3 cm，分离气管，行气管插管，并分离一侧颈总动脉和另一侧颈外静脉，穿线结扎颈总动脉远心端，用动脉夹夹闭近心端，用眼科剪刀在近结扎处剪一小口，插入肝素化的动脉插管并固定。结扎颈外静脉远心端，用眼科剪刀剪一小口并行静脉插管，固定并连接输液装置输入少量生理盐水以保持管道通畅。

步骤三：测定家兔正常的血压，以及呼吸指标。然后取血将 1 mL 注射器肝素化后接入颈总动脉插管，取血 0. 3 mL，用血气分析仪测定血气指标，作为对照。

步骤四：呼吸性酸中毒的复制。经颈外静脉注入 0. 1% 肾上腺素（每千克体重 1 mL），造成急性肺水肿。观察兔的状况，待其出现呼吸困难、躁动不安，皮肤和黏膜发绀，气管插管内有白色或粉红色泡沫溢出时，取血测定血气和酸碱指标。

步骤五：兔死亡后，开胸观察肺变化（若未死亡，可静脉内注入空气致死）。

## 任务检测

请扫描二维码 2-3-2 进行答题。

二维码 2-3-2
项目二任务三检测

## 任务评价

根据任务完成情况，完成任务评价（表 2-3-3）。

**表 2-3-3 任务评价**

| 班级： | | 姓名： | | 学号： | |
| --- | --- | --- | --- | --- | --- |
| 项目 | 评分标准 | 分值 | 自评 | 互评 | 师评 |
| 整理机体酸碱平衡基础知识 | 完整复述机体酸碱平衡的相关概念和正常范围 10 分；复述较好 7~9 分；复述良好 3~6 分；不能复述 0~2 分 | 10 分 | | | |
| | 完整复述机体酸碱平衡的调节途径 10 分；复述较好 7~9 分；复述良好 3~6 分；不能复述 0~2 分 | 10 分 | | | |
| | 完整复述机体酸碱平衡的检测指标 10 分；复述较好 7~9 分；复述良好 3~6 分；不能复述 0~2 分 | 10 分 | | | |
| 家兔呼吸性酸中毒模型的复制 | 准确测定正常家兔的血压、呼吸数及血气指标等 10 分；测定较好 7~9 分；测定一般 3~6 分；不能测定 0~2 分 | 10 分 | | | |
| | 成功复制出家兔的呼吸性酸中毒 10 分；手术完成，复制基本成功 7~9；手术未完成 3~6；未进行手术 0~2 分 | 10 分 | | | |
| | 准确复述家兔呼吸性酸中毒时的临床症状及表现 10 分；复述较好 7~9 分；复述良好 3~6 分；不能复述 0~2 分 | 10 分 | | | |
| | 准确测定家兔呼吸性酸中毒时的血压、呼吸数及血气指标等 10 分；测定较好 7~9 分；测定一般 3~6 分；不能测定 0~2 分 | 10 分 | | | |
| 家兔死亡后的剖检观察 | 剖检规范熟练 10 分；基本规范 7~9 分，不规范 3~6 分；未剖检 0~2 分 | 10 分 | | | |
| | 能准确观察描述家兔呼吸性酸中毒后的肺病理变化 10 分；描述较好 7~9 分；描述良好 3~6 分；不能描述 0~2 分 | 10 分 | | | |

续表

| 班级： | 姓名： | 学号： |
|---|---|---|
| 自我评价与总结 | | |
| 教师点评 | | |

# 任务四　鉴别酸碱中毒

## 任务导入

生理条件下，机体通过体内的各种缓冲系统以及肺、肾等对体液酸碱度进行调节，始终使体液的 pH 值稳定在 7.35～7.45，机体维持内环境酸碱度相对恒定的过程称为酸碱平衡。体液的 pH 值是由血浆中 $NaHCO_3/H_2CO_3$ 的比值决定的，正常比值为 20：1，pH 值平均为 7.4。如果 $NaHCO_3/H_2CO_3<20:1$，pH 值<7.4，称为酸中毒；反之，若 $NaHCO_3/H_2CO_3>20:1$，pH 值>7.4，则称为碱中毒。由于血浆中 $HCO_3^-$ 的含量受代谢影响，对维持体液 pH 值来说，$NaHCO_3$ 是代谢性因素，所以把血浆中 $NaHCO_3$ 含量原发性降低（或升高）引起的酸中毒（或碱中毒）称为代谢性酸中毒（或碱中毒）；血浆中 $H_2CO_3$ 的含量受呼吸状况的影响，对维持体液 pH 值来说，$H_2CO_3$ 是呼吸性因素，故将血浆中 $H_2CO_3$ 含量原发性升高（或降低）引起的酸中毒（碱中毒），称为呼吸性酸中毒（或碱中毒）。

请认真理解酸碱中毒的概念及其分类，深入了解酸碱中毒产生的原因及病理过程，熟悉并描述酸碱中毒对机体的影响。在兽医临床中，能对发生酸碱中毒的病例进行正确判断和处理。

根据任务情况，完成表 2-4-1 的任务工单。

**表 2-4-1　任务工单**

| 班级： | 姓名： | 学号： |
|---|---|---|
| 任务名称 | 鉴别酸碱中毒 | |
| 任务描述 | 根据实际情况，填写本任务的内容、目的、流程和方法。<br>任务内容：________<br>任务目的：________<br>任务流程：________<br>任务方法：________ | |

续表

<table>
<tr><td colspan="2">班级：</td><td colspan="2">姓名：</td><td>学号：</td></tr>
<tr><td>获取信息</td><td colspan="4">要完成任务，需要掌握相关的知识。请收集资料，回答以下问题。<br>1. 代谢性酸中毒、代谢性碱中毒、呼吸性酸中毒和呼吸性碱中毒的基本概念是什么？<br>2. 发生酸碱中毒的主要原因有哪些？<br>3. 简述酸碱中毒的病理生理反应和对机体的影响。<br>4. 酸碱中毒的治疗原则是什么？</td></tr>
<tr><td>制订计划</td><td colspan="4"></td></tr>
<tr><td rowspan="6">任务实施</td><td colspan="4">按照预先制订的工作计划，完成本任务，并记录任务实施过程。</td></tr>
<tr><td>序号</td><td>完成的任务</td><td>遇到的问题</td><td>解决办法</td></tr>
<tr><td></td><td></td><td></td><td></td></tr>
<tr><td></td><td></td><td></td><td></td></tr>
<tr><td></td><td></td><td></td><td></td></tr>
<tr><td></td><td></td><td></td><td></td></tr>
</table>

## 任务准备

【知识准备】

### 一、酸碱中毒基本概念及特点

**1. 代谢性酸中毒**

由于代谢障碍引起体内固定酸生成过多或碱性物质（$HCO_3^-$）大量丧失，导致酸碱平衡紊乱的现象，称代谢性酸中毒。其特点为血液 pH 值降低，血液中 $HCO_3^-$ 含量原发性减少。

**2. 呼吸性酸中毒**

由于肺泡通气功能不足，使体内生成的 $CO_2$ 排出受阻，或由于 $CO_2$ 吸入过多，引起血液 $CO_2$ 分压升高的病理过程，称为呼吸性酸中毒。此类型酸中毒的特点为体内 $CO_2$ 潴留，血液中 $H_2CO_3$ 含量原发性升高。

**3. 代谢性碱中毒**

代谢性碱中毒指体内酸丢失过多或者从体外摄入碱过多的临床情况，主要生化表现为血液中 $HCO_3^-$ 含量过高，导致 $CO_2$ 分压增高，pH 值升高。

**4. 呼吸性碱中毒**

呼吸性碱中毒是一种由过度通气引起的疾病，表现为动脉血 $CO_2$ 分压降低和血液 pH 值升高。其常见病因包括呼吸系统疾病、神经系统疾病和不当使用呼吸机等。

## 二、不同类型酸碱中毒的判断口诀

4 种酸碱中毒的判断口诀如下：呼酸呼碱看二氧，代酸代碱看碳酸氢。

具体判断方法如下：

呼吸性酸中毒：pH 值↓，$CO_2$ 分压↑，$HCO_3^-$↑（代偿性）。

呼吸性碱中毒：pH 值↑，$CO_2$ 分压↓，$HCO_3^-$↓（代偿性）。

代谢性酸中毒：pH 值↓，$HCO_3^-$↓（原发性），$CO_2$ 分压↓（代偿性）。

代谢性碱中毒：pH 值↑，$HCO_3^-$↑（原发性），$CO_2$ 分压↑（代偿性）。

解释：呼吸性酸中毒和呼吸性碱中毒主要看的是 $CO_2$ 分压的变化，若 $CO_2$ 分压>45 mmHg，则为呼吸性酸中毒；若 $CO_2$ 分压<35 mmHg，则为呼吸性碱中毒。而代谢性酸中毒和代谢性碱中毒主要看的是 $HCO_3^-$ 浓度的变化，同时结合 pH 值进行判断。如果 pH 值<7.35，且 $HCO_3^-$<22 mmol/L，则为代谢性酸中毒；如果 pH 值>7.45，且 $HCO_3^-$>27 mmol/L，则为代谢性碱中毒。

## 三、酸中毒对机体的影响

**1. 中枢神经系统功能障碍**

代谢性酸中毒时，脑细胞内参与生物氧化的酶类受到抑制，使氧化磷酸化发生障碍，ATP 生成减少，神经细胞供能不足；$H^+$ 浓度升高，可使组织谷氨酸脱羧酶活性增强，抑制性神经介质 γ-氨基丁酸生成增多，故患病动物表现为精神沉郁、感觉迟钝，甚至昏迷。

**2. 心血管系统功能障碍**

血浆中增多的 $H^+$ 对循环系统影响最大。酸中毒时，$H^+$ 可与 $Ca^{2+}$ 竞争结合肌钙蛋白，影响心肌兴奋-收缩耦联过程，导致心肌收缩力降低，心输出量减少；酸中毒可伴发高钾血症，引起心律失常，心肌传导性、自律性、收缩性下降，严重时可导致心脏传导阻滞和心肌兴奋性消失；另外，血液中 $H^+$ 浓度升高，可使心肌和外周血管对儿茶酚胺的反应性降低，大量毛细血管网开放，使血管容量不断扩大，回心血量减少，血压下降，可引起低血压，甚至休克死亡。

## 四、碱中毒对机体的影响

碱中毒对机体的影响包括电解质失衡、呼吸功能紊乱、中枢神经系统抑制以及代谢性酸碱平衡失调和尿液 pH 值异常。

**1. 电解质失衡**

碱中毒时，体内的钠、钾、钙等电解质浓度发生变化而失去平衡，电解质失衡会引起肌肉抽搐、心律不齐等不适症状，甚至可能危及生命。

**2. 呼吸功能紊乱**

碱中毒时，为了降低血液中的 $HCO_3^-$浓度，会刺激呼吸中枢，使呼吸加深加快，以增加 $CO_2$ 的排出。长期或严重的碱中毒会导致呼吸功能紊乱，出现呼吸困难、胸闷等症状，严重时可引发慢性阻塞性肺病等呼吸系统疾病。

**3. 中枢神经系统抑制**

中枢神经系统抑制是由于碱中毒状态下，大量 $HCO_3^-$进入脑细胞内，导致神经递质的合成和释放减少，从而引起中枢神经系统功能障碍。这可能导致患病动物出现头痛、眩晕、昏迷等症状，严重时可导致永久性的神经损伤。

**4. 代谢性酸碱平衡失调和尿液 pH 值异常**

当机体处于碱中毒状态时，其 pH 值会上升。该情况会影响机体的正常生理活动，如消化吸收、血液循环等，可能导致恶心呕吐、腹泻腹痛等胃肠道症状，还可能出现头晕乏力、精神萎靡等情况。此外，由于体内碳酸氢盐浓度变化，可能导致肾排泄过多或过少的碳酸氢盐，进而影响尿液 pH 值，引起尿路感染、结石等疾病。

知识链接：混合型酸碱平衡紊乱（二维码 2-4-1）。

二维码 2-4-1

知识链接：混合型酸碱平衡紊乱

【材料准备】

家兔（1.5~2.0kg）、12% $NaH_2PO_4$ 溶液、5% $NaHCO_3$ 溶液、0.1%肾上腺素、20%乌拉坦溶液、生理盐水、0.2%肝素生理盐水。

【工具准备】

兔手术台，动物秤，电子天平，血气分析仪，呼吸机，兔手术器械，气管插管、连有三通的动脉插管、静脉插管各一个，输液架、输液装置一套，注射器等。

【人员准备】

人员分组，每组 5 人，明确职责分工（表 2-4-2）。

**表 2-4-2 任务分配**

| 任务角色 | 任务内容 |
|---|---|
| 组长 | 组织小组成员讨论相关酸碱中毒的原因及机制，病理生理的变化以及对机体的影响；复述工作内容及工作流程，分配工作任务，督促完成任务，汇总知识点并组织完成知识的迁移学习 |
| 组员 1 | 动物麻醉，手术，呼吸和血压等指标的测定 |

续表

| 任务角色 | 任务内容 |
|---|---|
| 组员 2 | 手术，采血，代谢性酸中毒的复制和纠正 |
| 组员 3 | 呼吸和血压变化的测定以及各项血气指标变化的测定 |
| 组员 4 | 代谢性碱中毒的复制以及中毒后呼吸和血压变化的测定以及各项血气指标变化的测定 |

## 任务筹划

完成鉴别酸碱中毒工作，需要筹划以下 3 个方面的事项。

(1) 熟悉代谢性酸中毒，呼吸性酸中毒，代谢性碱中毒和呼吸性碱中毒的主要原因及其机制。

(2) 熟悉代谢性酸中毒，呼吸性酸中毒，代谢性碱中毒和呼吸性碱中毒时的生理病理变化。

(3) 熟悉酸碱中毒对机体的影响。

内容筹划：家兔代谢性酸碱中毒的复制及观察。

流程筹划：动物麻醉，固定→手术，包括气管插管固定，压力换能器的安装，股动脉插管等→实验前正常兔子呼吸数、血压和血气指标的测定→代谢性酸中毒的复制，酸中毒时呼吸数、血压和血气指标变化的测定→代谢性酸中毒的纠正，纠正后呼吸数、血压和血气指标变化的测定→代谢性碱中毒的复制，碱中毒时呼吸数、血压和血气指标变化的测定。

## 任务实施

步骤一：动物称重、麻醉和固定。家兔称重后，用 20% 乌拉坦溶液 (5 mL/kg) 从耳缘静脉或腹腔缓慢注入，至动物完全麻醉，将兔固定于手术台上。

步骤二：气管插管与血管分离。颈部及一侧腹股沟剪毛，颈前部手术，钝性分离出气管，在环状软骨下 0.5～1 cm 处做倒“T”形切口，插入气管插管并固定。同时，分离一侧颈总动脉和另一侧颈外静脉并各穿 2 根线备用。首先结扎左颈总动脉的远心端，再用血管夹夹闭其近心端；靠近远心端结扎线处，用眼科剪呈 45°向心方向剪开血管（为颈总动脉直径的 1/3～1/2），插入充满肝素的动脉导管，结扎固定导管，连接压力换能器测定动脉压。再用血管夹夹闭颈外静脉的近心端，充盈后结扎其远心端，剪开静脉插入静脉插管并连接输液装置缓慢滴入生理盐水以保持管道通畅。腹股沟部位分离出一侧股动脉，以同样的方式插入动脉导管，以供采血用。

步骤三：实验前样本采集。实验前先测定兔子的呼吸数和血压。然后用肝素湿润过的注射器从股动脉取 0.5～1 mL 血液（勿进入气泡），立即插入小软木塞以隔绝空气。用手搓动，使肝素与血液充分混合，以供实验前进行各项血气指标的测定。

步骤四：代谢性酸中毒的复制。从颈外静脉缓慢注入 12% $NaH_2PO_4$ 溶液，剂量为每千克体重 5 mL，观察兔的呼吸和血压变化，注射后 5 min 内，按步骤三从股动脉采血，并测定血气指标变化。

步骤五：代谢性酸中毒的纠正。根据注入酸后测得的 BE 值（剩余碱）来计算纠正所需的碱量，所需 5% $NaHCO_3$ 溶液的量（mL）= BE 绝对值×体重（kg）×0. 3/0. 6。将所需的量注入碱后 5 min，取血测定。

步骤六：代谢性碱中毒的复制。待纠正后，继续添加 5% $NaHCO_3$ 溶液，每分钟输入 20 滴左右，总量达 10 mL/kg。之后观察兔的呼吸和血压变化，注射后 5 min 内，按步骤三从股动脉采血，并测定血气指标变化。

## 任务检测

请扫描二维码 2-4-2 进行答题。

二维码 2-4-2
项目二任务四检测

## 任务评价

根据任务完成情况，完成任务评价（表 2-4-3）。

**表 2-4-3　任务评价**

| 班级： | | 姓名： | 学号： | | |
|---|---|---|---|---|---|
| 项目 | 评分标准 | 分值 | 自评 | 互评 | 师评 |
| 整理四种酸碱中毒的原因机制及生理病理变化 | 完整复述四种酸碱中毒相关概念 10 分；复述较好 7~9 分；复述良好 3~6 分；不能复述 0~2 分 | 10 分 | | | |
| | 完整复述四种酸碱中毒的原因机制 10 分；复述较好 7~9 分；复述良好 3~6 分；不能复述 0~2 分 | 10 分 | | | |
| | 完整复述四种酸碱中毒相关生理病理变化 10 分；复述较好 7~9 分；复述良好 3~6 分；不能复述 0~2 分 | 10 分 | | | |
| 代谢性酸中毒的复制及测定 | 准确测定正常家兔的血压、呼吸数及血气指标等 10 分；测定较好 7~9 分；测定一般 3~6 分；不能测定 0~2 分 | 10 分 | | | |
| | 成功复制出家兔的代谢性酸中毒 10 分；手术完成，复制基本成功 7~9；手术未完成 3~6；未进行手术 0~2 分 | 10 分 | | | |
| | 准确测定代谢性酸中毒时家兔的血压、呼吸数及血气指标等 10 分；测定较好 7~9 分；测定一般 3~6 分；不能测定 0~2 分 | 10 分 | | | |

续表

| 班级： | | 姓名： | | 学号： | |
|---|---|---|---|---|---|
| 项目 | 评分标准 | 分值 | 自评 | 互评 | 师评 |
| 代谢性酸中毒的纠正及测定 | 成功纠正家兔的代谢性酸中毒 10 分；纠正基本成功 4~9 分；未纠正成功 0~3 分 | 10 分 | | | |
| | 准确测定代谢性酸中毒纠正后家兔的血压、呼吸数及血气指标等 10 分；测定较好 7~9 分；测定一般 3~6 分；不能测定 0~2 分 | 10 分 | | | |
| 代谢性碱中毒的复制及测定 | 成功复制家兔的代谢性碱中毒 10 分；复制基本成功 4~9 分；未复制成功 0~3 分 | 10 分 | | | |
| | 准确测定代谢性碱中毒时家兔的血压、呼吸数及血气指标等 10 分；测定较好 7~9 分；测定一般 3~6 分；不能测定 0~2 分 | 10 分 | | | |
| 自我评价与总结 | | | | | |
| 教师点评 | | | | | |

# 项目三　细胞与组织损伤

## 项目导读

细胞和组织损伤主要包括萎缩、变性和坏死三种基本病变。其中，萎缩和变性是可逆性的变化，致病因素消除后，组织和细胞可恢复正常；坏死为不可逆的变化，一旦发生，往往不能恢复正常。细胞和组织损伤的病变在兽医临床中常见、多发，且有自己的特点，是学习许多疾病的基础病变。兽医从业者掌握此类病变后，可为临床诊断、疾病预防、药物治疗等打下坚实的基础。

### 知识目标

掌握萎缩、变性、坏死的概念；理解萎缩、变性、坏死发生的原因和机理。

### 技能目标

能够识别萎缩、变性、坏死的病理变化，分析病变特点。

### 素养目标

具有开展动物病理诊断工作所需的语言、文字表达能力；具有良好的沟通以及文献查阅、资料整合的能力；具有分析、思考和探索的创新能力。

### 思政目标

具有良好的辩证思维能力及团队协作能力；具有良好的职业道德。

## 任务一　识别萎缩的病理变化

### 任务导入

在羊的临床诊疗中发现，羊精神萎靡，食欲不振，尿淋漓，有排尿疼痛反应。

剖检之后发现，一侧肾上有囊肿，剪开囊肿，发现有大量的尿液积聚，肾实质变薄，肾盂、肾盏结构被破坏（图 3-1-1）。

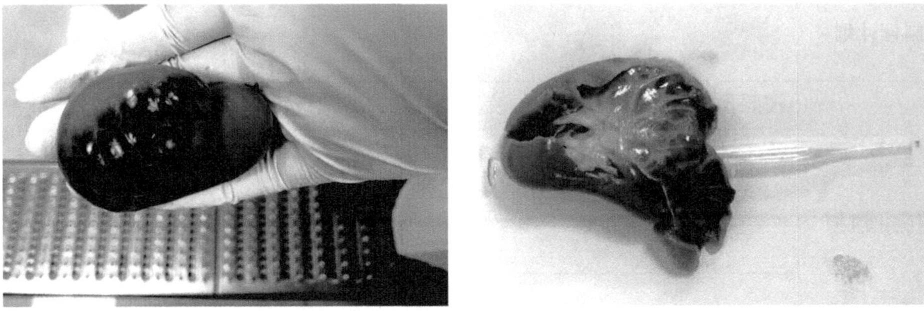

**图 3-1-1　肾囊肿**

请分析该肾发生萎缩的原因和类型，并列举出其他萎缩类型的例子。请描述肾萎缩肉眼观察的病理变化。如果制作成组织切片，可以观察到哪些典型的镜检病理变化？

根据任务情况，完成表 3-1-1 的任务工单。

**表 3-1-1　任务工单**

| 班级： | 姓名： | 学号： |
|---|---|---|
| 任务名称 | 识别萎缩的病理变化 | |
| 任务描述 | 根据实际情况，填写本任务的内容、目的、流程和方法。<br>任务内容：________________<br>任务目的：________________<br>任务流程：________________<br>任务方法：________________ | |
| 获取信息 | 要完成任务，需要掌握相关的知识。请收集资料，回答以下问题。<br>1. 什么是萎缩？萎缩和不发育、发育不全有什么区别？<br>2. 病理性萎缩可分为哪几种类型？<br>3. 萎缩的顺序是什么？<br>4. 全身性萎缩时，肉眼观察的病理变化是什么？ | |

续表

<table>
<tr><td>班级：</td><td colspan="2">姓名：</td><td colspan="2">学号：</td></tr>
<tr><td>制订计划</td><td colspan="4"></td></tr>
<tr><td rowspan="6">任务实施</td><td colspan="4">按照预先制订的工作计划，完成本任务，并记录任务实施过程。</td></tr>
<tr><td>序号</td><td>完成的任务</td><td>遇到的问题</td><td>解决办法</td></tr>
<tr><td></td><td></td><td></td><td></td></tr>
<tr><td></td><td></td><td></td><td></td></tr>
<tr><td></td><td></td><td></td><td></td></tr>
<tr><td></td><td></td><td></td><td></td></tr>
</table>

## 任务准备

【知识准备】

### 一、萎缩的概念及与不发育、发育不全的区别

发育正常的器官、组织或细胞，由于物质代谢障碍而发生体积缩小和功能减退的过程，称萎缩。萎缩与发育不全或不发育有着本质的区别。发育不全指器官或组织不能发育到正常结构，体积一般较小。不发育指器官不能发育，可能完全缺失或只有结缔组织构成的痕迹性结构物。

### 二、病理性萎缩的类型

病理性萎缩指组织、器官受到某些致病因子作用而发生的萎缩。根据病变波及的范围分为全身性萎缩和局部性萎缩。

**1. 全身性萎缩**

全身性萎缩是在全身物质代谢障碍的基础上发展起来的，多见于长期饲料不足、慢性消化道疾病（如慢性肠炎）、严重的消耗性疾病（如结核、鼻疽、恶性肿瘤）等。

**2. 局部性萎缩**

局部性萎缩是由局部原因引起的器官、组织的萎缩。按其发生原因可分为以下几种。

（1）废用性萎缩。由功能障碍引起，长期工作负荷减少、久卧不起的肌肉萎缩。多见于骨折、关节炎等。

（2）神经性萎缩。外周或中枢神经受到损伤时，受其支配的肌肉发生萎缩。如神经型马立克病引起的患肢肌肉萎缩。

（3）压迫性萎缩。多因机械性压迫所致，是一种常见的局部萎缩。多见于肿瘤、寄生虫压迫邻近器官引起的萎缩。

（4）缺血性萎缩。因小动脉狭窄或不全阻塞时，血流不畅，其所供应的局部组织或器官发生萎缩。多见于动脉硬化或栓塞导致动脉内狭窄等因素。

（5）激素性萎缩。指内分泌器官功能低下、内分泌功能失调引起相应靶器官的萎缩。如垂体功能低下引起的肾上腺、甲状腺、性腺等器官的萎缩，动物去势后性器官的萎缩。

## 三、萎缩的顺序

脂肪组织的萎缩发生得最早且最显著，几乎完全消失；其次是肌肉组织，可减少45%；然后是肝、脾、肾及淋巴结等实质器官；而心、脑、内分泌腺等重要器官则发生最晚且不明显。

## 四、萎缩的病理变化

### 1. 肉眼观察

尸体皮下、肌间、腹下、肠系膜、大网膜脂肪全部被消耗，心冠状沟、纵沟脂肪消耗后，间隙被浆液填充，外观呈黄色胶冻样。全身肌肉萎缩，变薄变轻，肉色变淡。血液稀薄色淡，凝固不良。实质器官发生萎缩时，器官体积缩小，重量减轻，外观变化不大，韧性增强，边缘锐薄，切面干燥，有些组织细胞消失，胃肠壁变薄，撕拉时易破裂，实质细胞缩小，邻近组织细胞可发生代偿性肥大，脏器表面凹凸不平，呈颗粒状，称颗粒萎缩。

### 2. 镜检

萎缩的器官实质细胞体积缩小或数量减少，细胞质减少且染色较深，细胞核皱缩浓染，间质组织相对增多。有些器官发生萎缩后，在细胞质内见到有黄褐色、颗粒状的脂褐素，量多时使器官呈褐色，这种萎缩称为褐色萎缩。脂褐素常见于发生萎缩的肝细胞、心肌纤维、神经细胞及肾小管上皮细胞。

知识链接：生理性萎缩（二维码3-1-1）。

二维码 3-1-1
知识链接：生理性萎缩

知识链接：萎缩的结局（二维码3-1-2）。

二维码 3-1-2
知识链接：萎缩的结局

动画：萎缩的类型（二维码3-1-3）。

二维码 3-1-3
动画：萎缩的类型

【材料准备】

萎缩相关的图片、大体标本、病理组织切片。

【工具准备】

手机（或电脑）、笔记本、签字笔、显微镜、放大镜等。

【人员准备】

人员分组，每组 4 人，明确职责分工（表 3-1-2）。

**表 3-1-2　任务分配**

| 任务角色 | 任务内容 |
| --- | --- |
| 组长 | 组织小组成员讨论萎缩相关的理论知识点，分配工作任务，督促完成任务，汇总理论知识点并组织完成知识的迁移学习 |
| 组员 1 | 主持讨论并区分萎缩、发育全和不发育；通过手机、电脑、纸质书籍等途径收集关于萎缩分类的相关知识；讨论任务导入中肾发生萎缩的类型 |
| 组员 2 | 主持观察肾发生萎缩时肉眼观察的主要病理变化并形成总结 |
| 组员 3 | 主持观察肾发生萎缩时镜检的主要病理变化并绘图上传至学习平台 |

## 任务筹划

完成识别萎缩的病理变化任务，需要筹划以下 3 个方面的事项。

（1）现代社会信息技术日新月异，学习知识的途径不再拘束于实体教材和相关书籍，所以学生在课堂以及课后的学习过程中应准备好手机、电脑等工具，以便及时上网查阅相关信息。

（2）任务完成过程中，必须对萎缩、不发育、发育不全等概念要深入理解，掌握不同类型的病理性萎缩所形成的原因，以便后续的治疗和预防。

（3）为了充分掌握萎缩的病理变化，需要对肉眼观察和镜检的病变特征进行深入的观察和总结。

## 任务实施

步骤一：通过手机、电脑、纸质书籍等途径搜索萎缩、发育不全和不发育三者的概念，区分并理解不同的概念。

步骤二：通过手机、电脑、纸质书籍等途径搜索病理性萎缩的类型和形成的原因。

步骤三：通过手机、电脑、纸质书籍等途径搜索不同组织萎缩的时间并总结出先后顺序。

步骤四：通过大体标本的观察，归纳总结出萎缩肉眼观察的病理变化特点。

步骤五：通过大体组织切片的观察，归纳总结出萎缩的镜检病理变化特点。

## 任务检测

请扫描二维码 3-1-4 进行答题。

**二维码 3-1-4**
**项目三任务一检测**

## 任务评价

根据任务完成情况，完成任务评价（表 3-1-3）。

**表 3-1-3　任务评价**

| 班级： | | 姓名： | | 学号： | |
|---|---|---|---|---|---|
| 项目 | 评价内容 | 分值 | 自评 | 互评 | 师评 |
| 知识技能 | 正确复述萎缩的概念，区别萎缩、不发育、发育不全 | 10 分 | | | |
| | 举例说明除压迫性萎缩外其他类型的萎缩 | 10 分 | | | |
| | 正确复述并理解萎缩的顺序 | 10 分 | | | |
| | 正确识别萎缩肉眼观察的病理变化 | 15 分 | | | |
| | 正确识别萎缩镜检的病理变化 | 15 分 | | | |
| 任务进度 | 提前完成 10 分；正常完成 7~9 分；超时完成 3~6 分；未完成 0~2 分 | 10 分 | | | |
| 任务质量 | 整体效果很好 10 分；较好 7~9 分；一般 3~6 分；较差 0~2 分 | 10 分 | | | |
| 素养表现 | 独立思考，严谨探究，积极主动 | 10 分 | | | |
| 思政表现 | 团队意识强，具有思辨能力和较强的职业道德 | 10 分 | | | |
| 自我评价与总结 | | | | | |
| 教师点评 | | | | | |

# 任务二　识别变性的病理变化

## 任务导入

某奶牛场兽医在一次巡查时发现，成年奶牛有部分出现发热、流涎、跛行，检查发现口、鼻、舌、牙龈部有水疱（图 3-2-1），蹄部有水疱，水疱破裂后形成溃疡；个别犊牛出现食欲不振、呼吸困难等症状，使用抗生素效果不佳，对死亡的犊牛进行剖检，发现心肌变软，出现淡黄色或灰白色、带状或点状条纹，形似虎斑（图 3-2-2）。

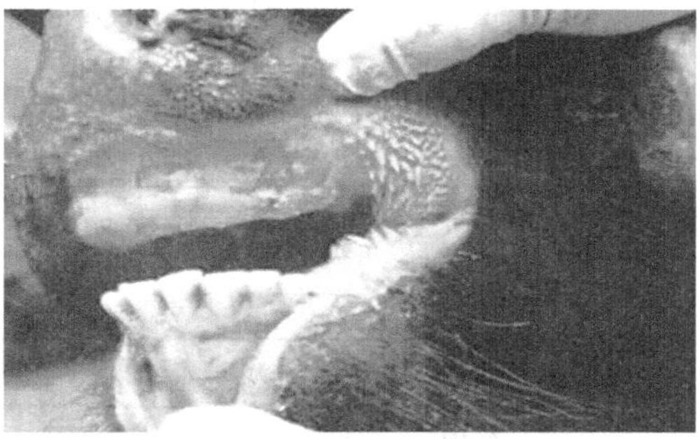

**图 3-2-1　奶牛口腔检查**

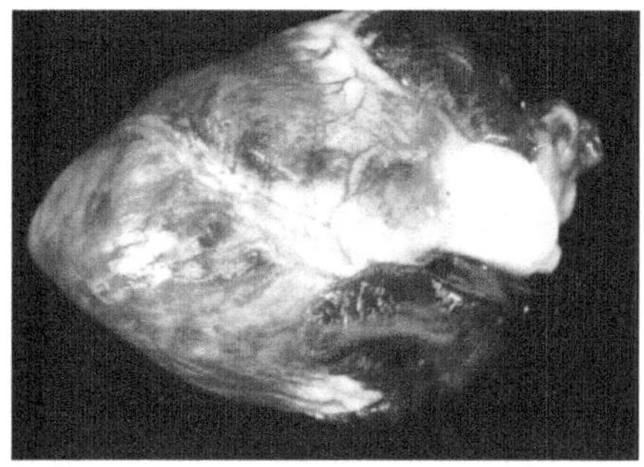

**图 3-2-2　心脏剖检**

请分析该奶牛场可能发生了什么疾病？导致奶牛出现上述病理变化的机制可能是什么？如果将破溃的皮肤和心脏制作成组织切片，可以观察到哪些典型的镜检病理变化？

根据任务情况，完成表 3-2-1 的任务工单。

**表 3-2-1　任务工单**

| 班级： | 姓名： | 学号： |
|---|---|---|
| 任务名称 | 识别变性的病理变化 | |
| 任务描述 | 根据实际情况，填写本任务的内容、目的、流程和方法。<br>任务内容：________<br>任务目的：________<br>任务流程：________<br>任务方法：________ | |

续表

<table>
<tr><td colspan="2">班级：</td><td colspan="2">姓名：</td><td>学号：</td></tr>
<tr><td>获取信息</td><td colspan="4">要完成任务，需要掌握相关的知识。请收集资料，回答以下问题。<br>1. 什么是变性？变性可分为哪几种类型？<br>2. 细胞肿胀的机理如何？水泡变性和颗粒变性的病变特征如何？二者之间有什么关系？<br>3. 导致脂肪变性的主要原因有哪些？<br>4. 脂肪变性的病变特征如何？<br>5. 什么是“槟榔肝”？什么是“虎斑心”？见于何种疾病？</td></tr>
<tr><td>制订计划</td><td colspan="4"></td></tr>
<tr><td rowspan="6">任务实施</td><td colspan="4">按照预先制订的工作计划，完成本任务，并记录任务实施过程。</td></tr>
<tr><td>序号</td><td>完成的任务</td><td>遇到的问题</td><td>解决办法</td></tr>
<tr><td></td><td></td><td></td><td></td></tr>
<tr><td></td><td></td><td></td><td></td></tr>
<tr><td></td><td></td><td></td><td></td></tr>
<tr><td></td><td></td><td></td><td></td></tr>
</table>

## 任务准备

【知识准备】

### 一、变性的概念

变性指在细胞或细胞间质内出现异常物质或正常物质明显增多的常见病理现象，是由致病因素引起细胞物质代谢障碍和功能障碍的一类形态学变化。

### 二、细胞肿胀的原因和机制

细胞肿胀多见于急性热性传染病，中毒、缺氧、血液循环障碍和饥饿等全身性病理过程。

该病发生的机制十分复杂，但主要是与线粒体损伤有关。当致病因素作用于细胞时，使细胞内线粒体受损，三羧酸循环和氧化磷酸化过程发生障碍，ATP 生成减少，细胞膜钠泵功能降低，导致细胞内 $Na^+$ 含量增多，于是水分大量进入细胞内，导致细胞肿胀。

### 三、细胞肿胀的病理变化

肉眼观察：变性器官体积增大，被膜紧张，切面隆起，质脆易碎，色泽混浊变淡，呈灰白色且无光泽，似水煮过一样，故又称混浊肿胀，简称“浊肿”。

镜检：细胞体积肿大，细胞质模糊，初期细胞质内出现大量红染颗粒，故称为颗粒变性。以后细胞因水分增多而进一步加大，细胞质淡染并出现许多大小不等的水泡，故称为水泡变性，如病变严重，细胞因水分大量积聚而高度变圆，色淡透亮，形似气球，故有“气球样变”之称。

### 四、脂肪变性的原因和机制

引起脂肪变性的原因很多，常见的有中毒、缺氧、饥饿、营养缺乏、急性热性传染病及败血症等。这些原因引起脂肪变性的机制各不相同，但其结果都是干扰或破坏脂肪的代谢。现以肝为例加以说明。正常情况下，来自脂库和肠道的脂肪酸进入肝时，少部分脂肪酸在线粒体内氧化供能，大部分脂肪酸在内质网中合成磷脂和甘油三酯，并与这里合成的胆固醇、载脂蛋白组成脂蛋白进入血液，再储存于脂库或供其他组织利用；还有少部分磷脂及其他类脂与蛋白质、碳水化合物结合形成细胞的各种结构成分（即结构脂肪）。上述过程任何一环节发生障碍均可导致脂肪变性的发生。例如，结构脂肪破坏、中性脂肪合成过多、脂蛋白合成发生障碍及脂肪酸的氧化发生障碍。

**1. 结构脂肪破坏**

在缺氧、中毒和感染等多种病因的作用下，细胞结构破坏，结构脂肪解离，脂肪析出形成脂滴。

**2. 中性脂肪合成过多**

常见某些疾病造成的饥饿状态。当糖利用发生障碍时，机体从脂库动用大量脂肪氧化供能，血液中游离脂肪酸增多，过量的脂肪酸进入肝，使肝细胞合成甘油三酯剧增，当其超过了肝细胞将其氧化利用和合成脂蛋白输出的能力时，脂肪便在肝细胞中积聚。

**3. 脂蛋白合成发生障碍**

由于合成脂蛋白的原料（如磷脂及组成磷脂的胆碱、蛋氨酸等物质）缺乏，或由于缺氧、中毒，破坏内质网的结构或抑制某些酶的活性，使脂蛋白合成发生障碍，因此不能及时将甘油三酯组成脂蛋白并运出肝细胞，从而使脂肪在肝细胞内积聚。

**4. 脂肪酸的氧化发生障碍**

在缺氧时，可使催化脂肪氧化的酶受到抑制，影响脂肪酸的氧化过程，同时缺氧又可影响脂蛋白各种成分的合成，造成甘油三酯在细胞内积聚。

## 五、脂肪变性的病理变化

肉眼观察：轻度脂变，常无明显变化。重度脂变，器官体积增大，质地变软，呈灰黄色或土黄色。结构模糊，触摸有油腻感。若脂变的肝伴有淤血时，则脂变组织呈灰黄色，淤血部分呈暗红，二者掺杂在一起形成类似肉豆蔻或槟榔的断面花纹，称“槟榔肝”（或“肉豆蔻肝”）。若心脏发生脂变时，在心外膜、心内膜，特别是在心室乳头肌和肉柱的静脉周围，可见横行排列的灰黄色的条纹或斑点状脂肪变性病灶，出现在正常心肌间，似虎皮样花纹，称“虎斑心”。

镜检：在苏木精-伊红染色（HE 染色）的石蜡切片中，脂变的细胞肿胀，细胞质内出现大小不等的脂肪空泡，严重时这些空泡相互融合成大的空泡，核被挤于一侧（图 3-2-3），这与水泡变性的空泡不易区别，必须以冰冻切片苏丹Ⅲ或锇酸作脂肪染色来鉴别，前者将脂肪染成橘红色，后者将其染成黑色。若脂肪变性发生于肝脏时，肝细胞索排列紊乱，肝窦狭窄（图 3-2-4）。若脂肪变性发生于心脏时，脂肪空泡呈串珠状排列在肌原纤维之间，心肌纤维横纹被掩盖，细胞核有程度不等的退行性变化。若脂肪变性发生在肾脏时，肾小管特别是近曲小管上皮细胞的细胞质内出现大小不一的脂肪空泡。

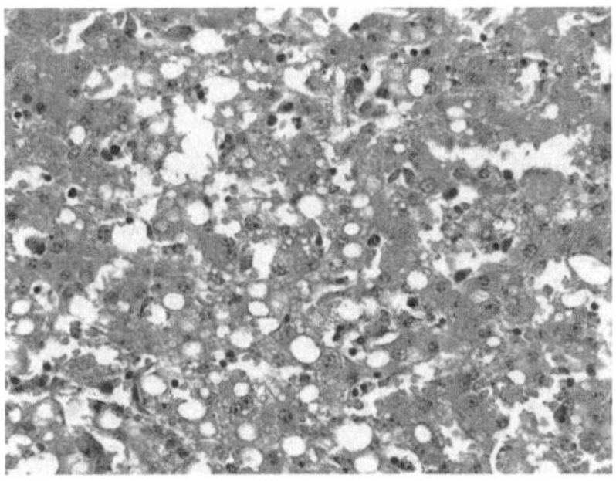

**图 3-2-3　肝脂肪变性**
**（HE 染色×40）**

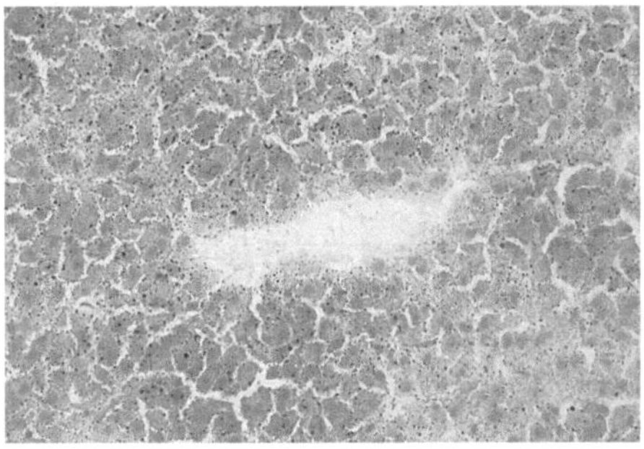

**图 3-2-4　肝脂肪变性**
**（油红染色×40）**

知识链接：细胞肿胀和脂肪变性的结局（二维码 3-2-1）、其他类型的变性（二维码 3-2-2）、淀粉样变性的病理学图片（二维码 3-2-3）。

**二维码 3-2-1**
知识链接：细胞肿胀和脂肪变性的结局

**二维码 3-2-2**
知识链接：其他类型的变性

**二维码 3-2-3**
知识链接：淀粉样变性的病理学图片

微课：脂肪变性的成因（二维码3-2-4）。

二维码 3-2-4
微课：脂肪变性的成因

【材料准备】

变性相关的图片、大体标本、病理组织切片。

【工具准备】

手机（电脑）、笔记本、签字笔、显微镜、放大镜等。

【人员准备】

人员分组，每组 4 人，明确职责分工（表 3-2-2）。

**表 3-2-2　任务分配**

| 任务角色 | 任务内容 |
| --- | --- |
| 组长 | 组织小组成员讨论变性相关的理论知识点，分配工作任务，督促完成任务，汇总理论知识点并组织完成知识的迁移学习 |
| 组员 1 | 通过手机、电脑、纸质书籍等途径收集关于变性几种类型的相关知识；讨论任务导入中介绍的牛场发生了何种疾病 |
| 组员 2 | 主持观察皮肤、肾、肝发生水泡变性和颗粒变性时肉眼观察和镜检的主要病理变化并绘图上传至学习平台 |
| 组员 3 | 主持观察肝、心肌发生脂肪变性时肉眼观察和镜检的主要病理变化并绘图上传至学习平台 |

## 任务筹划

完成识别变性病理变化的任务，需要筹划以下 3 个方面的事项。

（1）现代社会信息技术日新月异，学习知识的途径不再拘束于实体教材和相关书籍，所以学生在课堂以及课后的学习过程中应准备好手机、电脑等工具，以便及时上网查阅相关信息。

（2）任务完成过程中，必须对细胞肿胀、脂肪变性等概念深入理解，掌握不同类型的变性所形成的原因和机制，以便后续的治疗和预防。

（3）为了充分掌握萎缩的病理变化，需要对肉眼观察和镜检的病变特征进行深入的观察和总结。

## 任务实施

步骤一：通过手机、电脑、纸质书籍等途径搜索变性、细胞肿胀、脂肪变性的定义。

步骤二：通过手机、电脑、纸质书籍等途径搜索细胞肿胀形成的原因和机制，查找颗粒变性和水泡变性之间的关系。

步骤三：通过大体标本和病理组织切片的观察，归纳总结出颗粒变性和水泡变性的肉眼观察和镜检病理变化特点。

步骤四：通过手机、电脑、纸质书籍等途径搜索脂肪变性形成的原因和机制。

步骤五：通过大体标本和病理组织切片的观察，归纳总结出脂肪变性的肉眼观察和镜检病理变化特点，识别“槟榔肝”和“虎斑心”。

## 任务检测

请扫描二维码 3-2-5 进行答题。

**二维码 3-2-5**
**项目三任务二检测**

## 任务评价

根据任务完成情况，完成任务评价（表 3-2-3）。

**表 3-2-3　任务评价**

| 班级： | | 姓名： | | 学号： | |
|---|---|---|---|---|---|
| 项目 | 评价内容 | 分值 | 自评 | 互评 | 师评 |
| 知识技能 | 正确复述变性的概念，区别细胞内变性和间质内变性 | 10 分 | | | |
| | 理解细胞肿胀的发生机制，理解水泡变性和颗粒变性之间的关系 | 10 分 | | | |
| | 正确识别细胞肿胀的病理变化 | 10 分 | | | |
| | 正确理解脂肪变性发生的原因 | 10 分 | | | |
| | 正确识别脂肪变性的病变特征 | 10 分 | | | |
| | 正确识别“虎斑心”和“槟榔肝” | 10 分 | | | |
| 任务进度 | 提前完成 10 分；正常完成 7~9 分；超时完成 3~6 分；未完成 0~2 分 | 10 分 | | | |
| 任务质量 | 整体效果很好 10 分；较好 7~9 分；一般 3~6 分；较差 0~2 分 | 10 分 | | | |
| 素养表现 | 独立思考，严谨探究，积极主动 | 10 分 | | | |

续表

<table>
<tr><td>班级：</td><td colspan="2">姓名：</td><td colspan="3">学号：</td></tr>
<tr><td>项目</td><td>评价内容</td><td>分值</td><td>自评</td><td>互评</td><td>师评</td></tr>
<tr><td>思政表现</td><td>团队意识强，具有思辨能力和较强的职业道德</td><td>10 分</td><td></td><td></td><td></td></tr>
<tr><td>自我评价与总结</td><td colspan="5"></td></tr>
<tr><td>教师点评</td><td colspan="5"></td></tr>
</table>

# 任务三　识别坏死的类型和病理变化

## 任务导入

某日，兽医王某接到肉鸡养殖场紧急求助电话，场长称其养殖的 200 只 20 日龄 AA 肉鸡忽然发生死亡，死亡率约 80%，死前无任何异常表现。王某赶到现场剖检后发现，死亡的鸡其他脏器无明显肉眼可见的病理变化，仅见肝上有针尖大小的白色坏死点，该坏死点对着阳光观察尤其明显（图 3-3-1）。

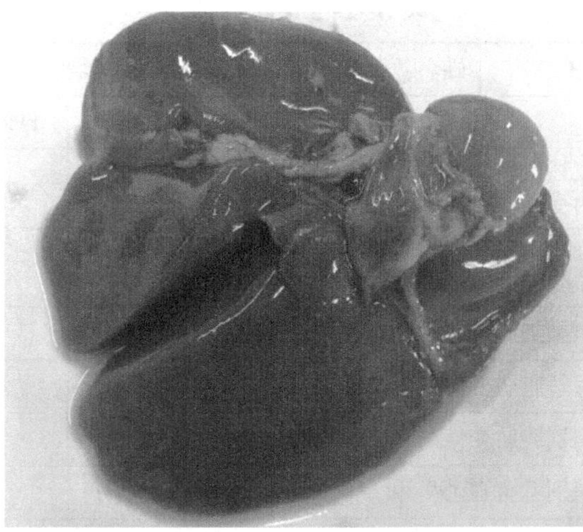

**图 3-3-1　肝剖检**

请分析，该鸡场可能发生了何种疾病？肝上针尖大小的坏死点属于什么类型的坏死？能否举出其他坏死类型的例子？如果将肝制作成组织切片，可以观察到哪些典型的镜检病理变化。

根据任务情况，完成表 3-3-1 的任务工单。

**表 3-3-1　任务工单**

<table>
<tr><td colspan="2">班级：</td><td colspan="2">姓名：</td><td>学号：</td></tr>
<tr><td>任务名称</td><td colspan="4">识别坏死的类型和病理变化</td></tr>
<tr><td>任务描述</td><td colspan="4">根据实际情况，填写本任务的内容、目的、流程和方法。<br>任务内容：____________________<br>任务目的：____________________<br>任务流程：____________________<br>任务方法：____________________</td></tr>
<tr><td>获取信息</td><td colspan="4">要完成任务，需要掌握相关的知识。请收集资料，回答以下问题。<br>1. 什么是坏死？坏死的一般病理变化如何？<br>2. 坏死的类型有哪些？<br>3. 凝固性坏死的类型有哪些？病理变化特征如何？<br>4. 液化性坏死的类型有哪些？发生的器官有何特点？<br>5. 坏疽的类型有哪些？发生的器官及病理变化特征如何？</td></tr>
<tr><td>制订计划</td><td colspan="4"></td></tr>
<tr><td rowspan="6">任务实施</td><td colspan="4">按照预先制订的工作计划，完成本任务，并记录任务实施过程。</td></tr>
<tr><td>序号</td><td>完成的任务</td><td>遇到的问题</td><td>解决办法</td></tr>
<tr><td></td><td></td><td></td><td></td></tr>
<tr><td></td><td></td><td></td><td></td></tr>
<tr><td></td><td></td><td></td><td></td></tr>
<tr><td></td><td></td><td></td><td></td></tr>
</table>

## 任务准备

【知识准备】

### 一、坏死的概念

在活体内局部组织、细胞的病理性死亡，称为坏死。坏死的组织或细胞代谢停止、功能丧失、形态结构受到破坏，所以坏死是一种不可逆性变化。大多数坏死是从萎缩、变性的基础上发展而来的，是一个量变到质变的渐进性过程，所以又把坏死称为渐进性坏死。少部分坏死是突发性的，这样的坏死一般是由强烈致病因素直接作用于局部造成的，如强酸、强碱等。

### 二、坏死的一般病理变化

**1. 肉眼观察**

坏死组织初期外观与原组织相似，不易识别。时间稍长的外观缺乏光泽或变为灰白色，结构模糊、色泽混浊、缺乏弹性，提起或切断后，组织回缩不良。因局部缺血而温度降低，切割时无血液流出，感觉及运动功能消失，在坏死组织与活组织之间呈现一条明显的红色炎性反应带。

**2. 镜检**

坏死组织主要表现在细胞核、细胞质及间质的改变。

(1) 细胞核的变化。细胞核的变化是细胞坏死的主要标志，即核浓缩、核碎裂和核溶解。

核浓缩：核体积缩小，染色质浓缩深染。

核碎裂：核膜破裂，核染色质崩解成大小不等的碎片，分散在细胞质中。

核溶解：核染色质在 DNA 酶的作用下逐渐分解消失，丧失了对碱性染料的着色反应，染色变浅或仅留下核影。

(2) 细胞质的变化。坏死细胞的细胞质内微细结构破坏，细胞质对酸性染料伊红的着色加深，呈红色细颗粒状。当细胞膜破裂，整个细胞轮廓消失，变成一片红染的颗粒状物质。也有细胞坏死后，细胞核破坏消失，细胞质内的水分逐渐丧失而固缩为圆形小体，呈强嗜酸性深红色，称为嗜酸性小体。

(3) 间质的变化。由于间质比实质细胞对缺血乏氧的耐受性强，因此实质细胞坏死一定时间内，间质常无明显变化，以后由于各种水解酶的作用，表现为间质细胞、结缔组织、基质的解聚，而纤维，尤其是胶原纤维的变化最为严重，发生肿胀、崩解或断裂、液化并相互融合，形成一片红染的颗粒状或均质无结构的纤维素样物质，即称为纤维素样坏死或纤维素样变。

### 三、坏死的类型

**1. 凝固性坏死**

凝固性坏死指组织坏死后，失水变干，组织蛋白在蛋白凝固酶的作用下发生凝固。肉眼观察，坏死组织早期因吸收周围的组织液常有轻度肿胀，色泽灰暗，组织纹理模糊，而后坏死组织变为灰白或灰黄色，干燥、坚实而无光泽，坏死区周围有暗红色的充血和出血带与健康组织分界。镜检，坏死组织实质细胞的细胞核溶解消失，或残留部分碎片，细胞质崩解融合成为一片红色无结构的颗粒状物质，但组织的结构轮廓仍保留。但不同组织的凝固性坏死表现形式不同，如肾的贫血性梗死、肌肉的蜡样坏死、结核的干酪样坏死等。

（1）贫血性梗死。一种典型的凝固性坏死。坏死区灰白色，干燥，早期肿胀，稍凸出于脏器的表面，切面坏死区呈楔形，边缘清楚。

（2）干酪样坏死。由于坏死组织呈灰白色或灰黄色、松软易碎的无结构物质，外观似干酪样或豆腐渣样而得名。镜检，坏死组织的固有结构完全破坏消失，细胞彻底崩解融合成均质红染的颗粒状物质。

（3）蜡样坏死。肌肉组织发生的凝固性坏死。外观呈灰黄或灰白色，干燥而坚实，混浊无光泽，形如石蜡，故称蜡样坏死。镜检，肌纤维肿胀、断裂，细胞核溶解，横纹消失，细胞质均质红染或呈着色不均的无结构状物质。

**2. 液化性坏死**

主要发生于富有蛋白分解酶（如胃肠道、胰腺）或含磷脂和水分多而蛋白质少的组织（如脑），以及有大量嗜中性粒细胞浸润的化脓性炎灶。脑组织的液化性坏死通常称作脑软化，多见于马属动物的霉玉米中毒和雏鸡的维生素 E 缺乏。

**3. 坏疽**

坏疽是组织坏死后受到腐败菌感染引起的继发性变化。坏疽外观呈灰褐色或黑色，可分为 3 种类型。

（1）干性坏疽。多发于体表，尤其是四肢末端、耳壳和尾尖。由于组织坏死后暴露在空气中，水分蒸发，腐败菌不易生长繁殖，病程发展较慢。肉眼观察，坏疽部干涸皱缩，呈黑色或黑褐色，与周围健康组织界线清楚，有炎性反应带。干性坏疽可见于慢性猪丹毒，颈、背、尾根部的皮肤坏死；牛慢性锥虫病的耳、尾、四肢下部飞节和球节处皮肤坏死；耕牛耳、尾根皮肤冻伤坏死。

（2）湿性坏疽。由于坏死组织含水多，一旦继发腐败菌感染后，引起腐败分解液化所致，常发生于与外界相通的器官。肉眼观察，坏疽部位呈污灰色、暗绿色或黑色的糊状，有恶臭气味，与健康组织界线不清，并易造成全身中毒。常见的湿性坏疽有肠变位、腐败性子宫内膜炎和乳腺炎等。

（3）气性坏疽。湿性坏疽的一种特殊类型。主要见于深部创伤感染了厌氧产气菌，而这些细菌在分解坏死组织时产生大量的气体（$H_2$、$CO_2$、$N_2$），形成气泡并造成组织肿胀。肉眼观察，坏死区呈蜂窝状，污秽暗棕色，按压有捻发音；切开病变部位，有黄红色带酸臭气味、含气泡的混浊液体流出，如牛气肿疽。

上述各种坏死的类型并不是固定不变的，由于机体抵抗力的强弱不同以及坏死发生的原因和条件等的改变，坏死的病理变化在一定条件下也可互相转化。例如，凝固性坏死如果继发化脓细菌感染，也可转化为液化性坏死。

耳坏疽如图 3-3-2 所示，肝坏死如图 3-3-3 所示。

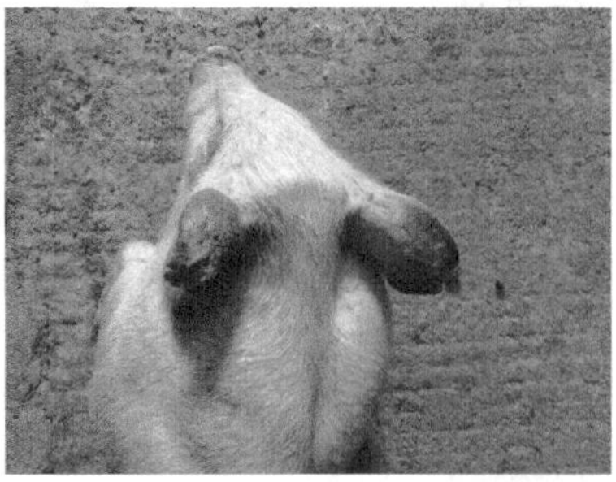

图 3-3-2 耳坏疽

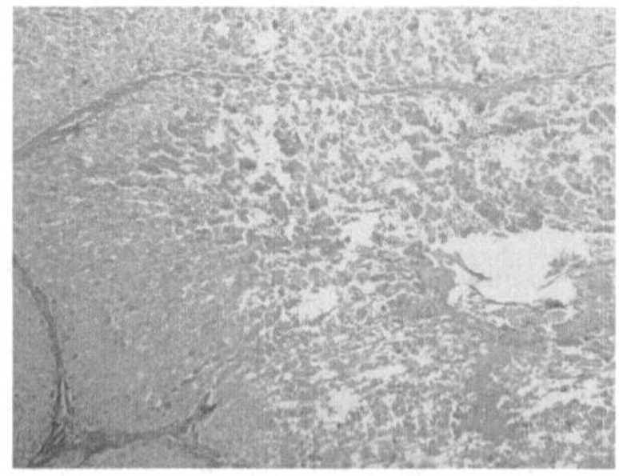

图 3-3-3 肝坏死（HE 染色×40）

知识链接：坏死的原因（二维码 3-3-1）、坏死的结局（二维码 3-3-2）、细胞凋亡（二维码 3-3-3）。

二维码 3-3-1
知识链接：坏死的原因

二维码 3-3-2
知识链接：坏死的结局

二维码 3-3-3
知识链接：细胞凋亡

【材料准备】

坏死相关的图片、大体标本、病理组织切片。

【工具准备】

手机（电脑）、笔记本、签字笔、显微镜、放大镜等。

【人员准备】

人员分组，每组 4 人，明确职责分工（表 3-3-2）。

**表 3-3-2 任务分配**

| 任务角色 | 任务内容 |
| --- | --- |
| 组长 | 组织小组成员讨论坏死相关的理论知识点，分配工作任务，督促完成任务，汇总理论知识点并组织完成知识的迁移学习 |
| 组员 1 | 通过手机、电脑、纸质书籍等途径收集关于坏死几种类型的相关知识；讨论任务导入中介绍鸡场发生了何种疾病 |
| 组员 2 | 主持学习坏死的一般病理和坏死的类型 |
| 组员 3 | 主持观察肝、肺、皮肤等发生坏死时肉眼观察和镜检的主要病理变化并绘图上传至学习平台 |

## 任务筹划

完成识别坏死的类型和病理变化的任务，需要筹划以下 3 个方面的事项。

（1）现代社会信息技术日新月异，学习知识的途径不再拘束于实体教材和相关书籍，所以学生在课堂以及课后的学习过程中应准备好手机、电脑等工具，以便及时上网查阅相关信息。

（2）任务完成过程中，必须对坏死的概念深入理解，并能通过自主学习，完成与细胞凋亡的区别。掌握不同类型的坏死主要病理变化特点。

（3）为了充分掌握坏死的病理变化，需要对肉眼观察和镜检的病变特征进行深入的观察和总结。

## 任务实施

步骤一：通过手机、电脑、纸质书籍等途径搜索坏死的定义，查找坏死和细胞凋亡之间的关系。

步骤二：通过手机、电脑、纸质书籍等途径搜索坏死的一般病理变化。

步骤三：通过手机、电脑、纸质书籍等途径搜索凝固性坏死的定义；通过大体标本和病理组织切片的观察，归纳总结出干酪样坏死、蜡样坏死肉眼观察和镜检的病理变化特点。

步骤四：通过手机、电脑、纸质书籍等途径搜索液化性坏死定义，归纳总结出脑软化、脓肿等发生器官的特点。

步骤五：通过手机、电脑、纸质书籍等途径搜索坏疽的定义，通过大体标本和病理组织切片的观察，归纳总结出干性坏疽、湿性坏疽、气性坏疽的肉眼观察和镜检病理变化特点。

## 任务检测

请扫描二维码 3-3-4 进行答题。

**二维码 3-3-4**
**项目三任务三检测**

## 任务评价

根据任务完成情况，完成任务评价（表 3-3-3）。

**表 3-3-3　任务评价**

| 班级： | 姓名： | | 学号： | | |
|---|---|---|---|---|---|
| 项目 | 评价内容 | 分值 | 自评 | 互评 | 师评 |
| 知识技能 | 正确复述坏死的概念，正确识别坏死的一般病理变化 | 10 分 | | | |
| | 正确复述坏死的类型 | 10 分 | | | |

续表

<table>
<tr><td colspan="2">班级：</td><td colspan="2">姓名：</td><td colspan="2">学号：</td></tr>
<tr><td>项目</td><td>评价内容</td><td>分值</td><td>自评</td><td>互评</td><td>师评</td></tr>
<tr><td rowspan="3">知识技能</td><td>正确复述凝固性坏死的类型，识别凝固性坏死的病理变化</td><td>15 分</td><td></td><td></td><td></td></tr>
<tr><td>正确复述液化性坏死的类型，理解发生液化性坏死的器官特征</td><td>10 分</td><td></td><td></td><td></td></tr>
<tr><td>正确复述坏疽的类型，识别不同类型坏疽的病理变化</td><td>15 分</td><td></td><td></td><td></td></tr>
<tr><td>任务进度</td><td>提前完成 10 分；正常完成 7~9 分；超时完成 3~6 分；未完成 0~2 分</td><td>10 分</td><td></td><td></td><td></td></tr>
<tr><td>任务质量</td><td>整体效果很好 10 分；较好 7~9 分；一般 3~6 分；较差 0~2 分</td><td>10 分</td><td></td><td></td><td></td></tr>
<tr><td>素养表现</td><td>独立思考，严谨探究，积极主动</td><td>10 分</td><td></td><td></td><td></td></tr>
<tr><td>思政表现</td><td>团队意识强，具有思辨能力和较强的职业道德</td><td>10 分</td><td></td><td></td><td></td></tr>
<tr><td>自我评价与总结</td><td colspan="5"></td></tr>
<tr><td>教师点评</td><td colspan="5"></td></tr>
</table>

# 项目四 炎 症

## 项目导读

炎症是机体对致炎因子引起的损伤所产生的以防御反应为主的应答性反应，是最基本而又十分重要的一种病理过程，在临床诊断过程中有重要作用。炎症是许多疾病病理变化的基础，因此掌握炎症的基本病理变化及炎症的相关类型对了解疾病发生发展机制、及时且准确防治动物疾病具有重要意义。

本项目从认识炎症及辨别基本病理变化入手，依据炎症相关知识点层层递进、由浅及深、层层剖析的学习办法，使学生理解炎症的变质、渗出、增生过程及相关知识，掌握不同类型炎症的相关概念和识别方法，熟悉炎性细胞的镜下形态及其病理意义。

## 知识目标

（1）掌握变质、渗出、增生、变质性炎症、渗出性炎症、增生性炎症、炎性细胞等概念。

（2）了解炎症发生发展过程及其机制，熟知炎灶内细胞发生的形态、数量改变及代谢变化。

（3）掌握炎性细胞的形态及临床意义。

## 技能目标

（1）能在血涂片中找出并区分中性粒细胞、嗜酸性粒细胞、单核细胞、淋巴细胞等常见炎性细胞。

（2）能识别并区分病理大体标本中变质性炎、渗出性炎、增生性炎，并指出其相关病理变化。

（3）能分析动物机体内出现不同类型数量较多炎性细胞时示意的炎症进程。

（4）能分析某炎症的常见病因及炎症结局。

## 素养目标

（1）锻炼自主学习和实践能力。自觉感悟与求索，不断自主提高自身技能和知识储备，打造新一代兽医专业技术型人才。

（2）提高分析与思考能力。能依据所学内容举一反三分析病例，培养科学精神与创新能力。

（3）培养良好职业道德与高尚人格，忠于人民、服务人民、培养自身责任意识，保持自尊自信的生活态度。

## 思政目标

（1）培养安全操作意识和维护社会公共卫生安全责任心。自觉遵循并监督食源性动物和人兽共患病，重视公共环境安全，是人与动物、动物与社会之间不可替代的关键一环。

（2）以兽医基础知识为出发点，培养学生正确的世界观、价值观，以及思辨能力和批判性思维能力。

# 任务一　观察炎症的基本病理反应

### 任务导入

炎症的基本病理反应包括 3 种：机体因致炎因子直接或间接作用刺激而出现的局部组织损伤即为变质；以清除、消灭炎区病理产物为目的而诱发的防御性相关过程即为渗出；为修复或局限炎灶而出现的多种细胞活化增殖的过程即为增生。因而炎症的变质在炎症发生发展过程中主要起到损伤作用，而渗出与增生则属于抗损伤过程。炎症的这 3 种病理变化存在于任何炎症，但发生的先后顺序或转化关系以及病理反应的表现程度强弱则取决于机体发生的炎症类型或不同阶段。变质、渗出一般在炎症初期或急性炎症较为明显，而增生则多见于慢性炎症或急性炎症的后期（图 4–1–1）。

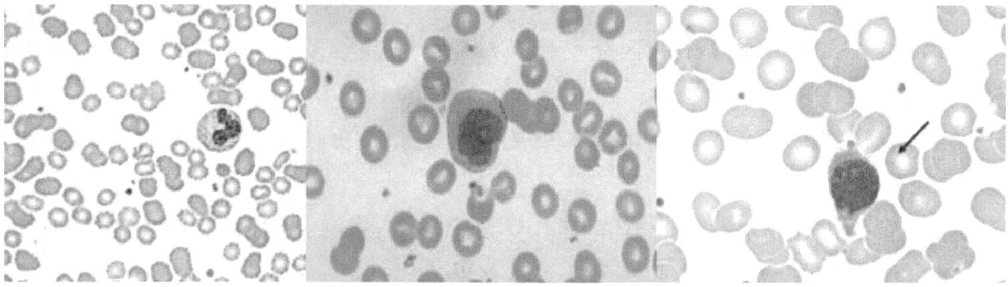

**图 4–1–1　炎症**

掌握变质、增生、渗出等相关概念，深入了解并区分相应病理切片中镜检病理变化及临床意义，结合细胞损伤变化、炎症细胞浸润、局部细胞活化增殖等相关知识，深刻理解炎症发生发展过程中对动物机体的影响。

根据任务情况，完成表 4-1-1 的任务工单。

**表 4-1-1　任务工单**

<table>
<tr><td colspan="2">班级：</td><td colspan="2">姓名：</td><td>学号：</td></tr>
<tr><td>任务名称</td><td colspan="4">观察炎症的基本病理反应</td></tr>
<tr><td>任务描述</td><td colspan="4">根据实际情况，填写本任务的内容、目的、流程和方法。<br>任务内容：<br>任务目的：<br>任务流程：<br>任务方法：</td></tr>
<tr><td>获取信息</td><td colspan="4">要完成任务，需要掌握相关的知识。请收集资料，回答以下问题。<br>1. 炎症基本病理变化有哪些？概念是什么？<br>2. 变质的机理是什么？由此机理变质局部会出现怎样的形态变化？<br>3. 常见渗出的炎症细胞有哪些？分别代表着什么诊疗意义？<br>4. 常见炎性细胞的形态如何识别？<br>5. 增生性变化的主要增生细胞有哪些？会引起组织器官什么样的变化？</td></tr>
<tr><td>制订计划</td><td colspan="4"></td></tr>
<tr><td rowspan="6">任务实施</td><td colspan="4">按照预先制订的工作计划，完成本任务，并记录任务实施过程。</td></tr>
<tr><td>序号</td><td>完成的任务</td><td>遇到的问题</td><td>解决办法</td></tr>
<tr><td></td><td></td><td></td><td></td></tr>
<tr><td></td><td></td><td></td><td></td></tr>
<tr><td></td><td></td><td></td><td></td></tr>
<tr><td></td><td></td><td></td><td></td></tr>
</table>

## 任务准备

【知识准备】

### 一、炎症基本病理变化

**1. 变质**

作为炎症的初始环节，其本质是实质细胞或间质内出现不同程度的损伤。因而组织变质中可见实质细胞变性（如细胞肿胀、脂肪变性）、坏死等变化；间质可见黏液样变性、纤维素样坏死等变化。这多是由于致炎因子直接或间接刺激细胞而引起的，在发生变质的组织器官局部，既可以观察到组织形态的病理变化，也可以体现出组织器官的不同程度功能的异常（主要表现为功能降低或丧失）或代谢的障碍（主要表现为局部代谢增强和渗透压升高）。

**2. 渗出**

作为炎症的最常见环节，渗出是炎症过程中最主要的防御性变化。渗出局部可见大量液体渗出（多为血浆和血浆蛋白成分构成的炎性渗出液）、多种炎性细胞浸润以及炎区血管充血等病理变化。渗出是动物机体清除和限制致炎因子的有效手段，有利于巨噬细胞吞噬有害病理产物，但局部因白细胞释放出的炎性介质也可使炎症反应程度加重，动物组织细胞损伤增多。

**3. 增生**

同样作为防御性反应，增生可以起到清除、限制和修复炎区的作用。增生区域主要可见巨噬细胞或成纤维细胞和血管内皮细胞（肉芽组织）活化增殖。一般发生于炎症的晚期和慢性炎症之中，增生的成分具有加快炎症恢复（通过巨噬细胞吞噬损伤细胞碎片）和局限及填补炎灶（肉芽组织包囊形成和机化，以及修复损伤组织）的作用。

### 二、变质过程中细胞主要形态变化

**1. 实质细胞的变性和坏死**

（1）细胞肿胀。镜检，变性细胞肿大，早期的颗粒变性中细胞核无明显变化，仅见许多在 HE 染色中染色较深的微细颗粒充满细胞质。后期的水泡变性中细胞质因水分增多而染色不匀，并可见大量大小不一的水泡。若进一步加重则细胞呈现为蜂窝状，甚至水泡相互融合使细胞胀圆，形似气球，也可称为气球样变。

（2）脂肪变性。镜检，变性细胞胀大，早期的细胞质内有许多大小不匀的脂滴，后期脂滴相互融合为较大脂肪滴充斥在细胞质内，甚至将细胞核挤于一侧。细胞的固有结构逐渐消失，HE 染色后可见细胞内充满“空泡”。若以锇酸染色则脂肪小滴会被染为黑色，可用于辨别水泡变性。

（3）坏死。镜检，坏死细胞的细胞核出现以下 3 种变化：细胞核浓缩时核体积缩小，染色加深；细胞核碎裂核膜破裂，细胞核分裂成许多碎片；细胞核溶解时细胞核染色变淡或消失。而细胞质红染呈颗粒状，甚至形成嗜酸性小体。核浓缩、核碎裂和核溶解均代表着实质细胞核出现了不可逆转的变化，细胞物质代谢停止，功能和结构被破坏。

**2. 间质结缔组织纤维断裂和溶解**

（1）黏液样变性。镜检，在结缔组织中出现淡蓝色（HE 染色）的胶冻样异常物质。

（2）纤维素样变性。镜检，纤维溶解失去原有结构，相互融合形成一片红染的纤维素样物质。

## 三、渗出过程中常见的炎性细胞

**1. 嗜中性粒细胞**

数量较多，血涂片中成熟者一般可见细胞核分为 2~5 叶，病理切片中则分叶不明显，幼稚型一般核不分叶。细胞质内含中性颗粒，能吞噬核消化异物，多见于化脓性或急性炎症初期。

**2. 嗜酸性粒细胞**

成熟嗜酸性粒细胞特征为具有内含有许多嗜酸性颗粒的细胞质和卵圆形且分为二叶的核。其多见于寄生虫感染、过敏性炎症等疾病，并且在某些严重疾病中数量下降。

**3. 单核细胞与巨噬细胞**

单核细胞位于血中，细胞质含溶酶体。巨噬细胞体积较大而位于组织中，细胞形状多呈圆形或椭圆形，常具伪足样突起，核呈卵圆形或马蹄形，吞噬功能更强。单核巨噬细胞可见于炎症的恢复期或慢性炎症等。

**4. 淋巴细胞与浆细胞**

镜检，成熟的淋巴细胞体积小，细胞质也少，核呈圆形且较大。浆细胞形状呈卵圆形，具有车轮状的染色质，圆形的细胞核位于细胞一端。常见于慢性炎症、感染性疾病等。

**5. 上皮样细胞**

细胞形态呈多角形或扁平形，且界线不清呈连片分布，核椭圆，染色质细小，细胞质丰富，染色淡。

**6. 多核巨细胞**

体积非常大，细胞质丰富且含有数个到数十个核。根据胞核的排列方式不同（周边排列或散在分布），可将其分为郎罕氏巨细胞和异物巨细胞。

**7. 嗜碱性粒细胞**

嗜碱性粒细胞是循环血液中数量最少的白细胞，核不规则，常见为“S”或“T”形，胞浆丰富且内含稀疏的嗜碱性颗粒。可见于 I 型变态反应。

**8. 肥大细胞**

肥大细胞呈圆形或卵圆形，细胞核小、淡染，多为圆形，位于细胞中央，其外围绕均匀的蓝紫色颗粒。常见于过敏或寄生虫病。

## 四、增生过程中组织形态变化

在炎症后期多以结缔组织或增生或形成肉芽组织为主，多发生于慢性炎症。

**1. 一般增生**

镜检，组织器官中结缔组织增生，侵入组织器官，使组织器官实质部分因结缔组织增生而出现功能上的丧失，组织器官质地变硬，器官表面凹凸不平呈不规则形，或在某些特殊疾病时形成独特结节。

**2. 特异增生**

镜检，肉芽组织增生以包裹非生理性物质，包括具有感染性的病原和代谢产物，或较大的异物如滑石粉、寄生虫及虫卵等。

知识链接：变质、渗出、增生的概念（二维码4–1–1）。

**二维码 4–1–1**
**知识链接：变质、渗出、增生的概念**

知识链接：渗出中血管反应、液体渗出和细胞渗出过程（二维码4–1–2）。

**二维码 4–1–2**
**知识链接：渗出中血管反应、液体渗出和细胞渗出过程**

知识链接：炎症组织切片中常见炎性细胞（二维码4–1–3）。

**二维码 4–1–3**
**知识链接：炎症组织切片中常见炎性细胞**

【材料准备】

炎症基本病理反应组织切片。

【工具准备】

手机（或电脑）、白大褂、笔记本、签字笔等。

【人员准备】

人员分组，每组4人，明确职责分工（表4–1–2）。

**表 4-1-2　任务分配**

| 任务角色 | 任务内容 |
|---|---|
| 组长 | 组织小组成员收集并归纳总结炎症相关知识点，组织讨论炎症的病变特点 |
| 组员 1 | 通过手机、电脑、纸质书籍等途径收集炎症变质、渗出、增生相关知识 |
| 组员 2 | 识别常见炎性细胞的形态特点 |
| 组员 3 | 识别炎症切片中相应细胞病理变化 |

## 任务筹划

完成观察炎症的基本病理反应任务，需要筹划以下 3 个方面的事项。

（1）通过查阅相关书籍等途径收集在生理情况下组织器官切片的形态结构，对标志性知识点归纳总结，为观察病理变化做好基础。

（2）必须准确理解和记忆炎症基本病理反应的相关概念和知识，并利用知识点对炎症组织切片进行镜检，找到相应炎症基本病理变化，指出与正常细胞之间存在的形态、功能变化。

（3）通过红蓝铅笔画出观察到病理切片的形态变化。

## 任务实施

步骤一：正确复述并理解变质、渗出、增生的概念，简要说明大体脏器中出现的病理变化。

步骤二：正确复述并说明变质性炎组织器官病理切片中细胞出现的变性类型及形态变化。

步骤三：指出并说明变质性炎组织器官病理切片中细胞出现的坏死细胞及其形态变化。

步骤四：在血涂片中指出嗜中性粒细胞、嗜碱性粒细胞、单核细胞、淋巴细胞等炎性细胞，并正确复述其形态特征和病理意义。

步骤五：在增生性炎症病理组织切片中指出并形容增生的纤维结缔组织或肉芽肿结构。

## 任务检测

请扫描二维码 4-1-4 进行答题。

**二维码 4-1-4**
**项目四任务一检测**

## 任务评价

根据任务完成情况，完成任务评价（表 4-1-3）。

**表 4-1-3 任务评价**

| 班级： | | 姓名： | | 学号： | |
|---|---|---|---|---|---|
| 项目 | 评分标准 | 分值 | 自评 | 互评 | 师评 |
| 观察变质性炎病理组织切片 | 完整复述变质相关概念和知识点 10 分；复述较好 7~9 分；复述良好 3~6 分；不能复述 0~2 分 | 10 分 | | | |
| | 操作得当，能够指出并说明相关实质细胞或间质形态变化 10 分；完成较好 7~9 分；完成良好 3~6 分；不能完成 0~2 分 | 10 分 | | | |
| | 以蓝色表示细胞核、红色表示细胞质，正确绘制所见变质细胞形态结构 10 分 | 10 分 | | | |
| 观察渗出性炎病理组织切片 | 完整复述渗出相关概念和知识点 10 分；复述较好 7~9 分；复述良好 3~6 分；不能复述 0~2 分 | 10 分 | | | |
| | 能够指出并说明炎性细胞形态 10 分；完成较好 7~9 分；完成良好 3~6 分；不能完成 0~2 分 | 10 分 | | | |
| | 以蓝色表示细胞核、红色表示细胞质，正确绘制所见炎性细胞形态结构 10 分 | 10 分 | | | |
| 观察增生性炎病理组织切片 | 完整复述增生相关概念和知识点 10 分；复述较好 7~9 分；复述良好 3~6 分；不能复述 0~2 分 | 10 分 | | | |
| | 能够指出增生的纤维结缔组织或肉芽肿结构 10 分；完成较好 7~9 分；完成良好 3~6 分；不能完成 0~2 分 | 10 分 | | | |
| | 以蓝色表示细胞核、红色表示细胞质，正确绘制所见增生的纤维结缔组织或肉芽肿结构 10 分 | 10 分 | | | |
| 整理炎症基本病理变化三者关系 | 整理思路清晰、描述得当，对炎症基本病理变化有清晰认识和理解 10 分 | 10 分 | | | |
| 自我评价与总结 | | | | | |
| 教师点评 | | | | | |

# 任务二 鉴别组织器官的变质性炎

## 任务导入

变质性炎是一种多发生于重度传染病、过敏性炎症和中毒病过程中呈急性经过的炎症，发生变质性炎的组织器官中多见局部细胞的变性与坏死，同时炎症周围组织也存在充血、出血、炎性细胞浸润等炎性表现（图 4-2-1）。实质器官细胞受到损伤、炎区内组织功能降低，从而影响动物脏器维持正常机能活动。以实质器官中细胞的损伤为主要变化的变质性炎对临床动物疾病诊疗、保障动物食品卫生安全等具有重要意义。

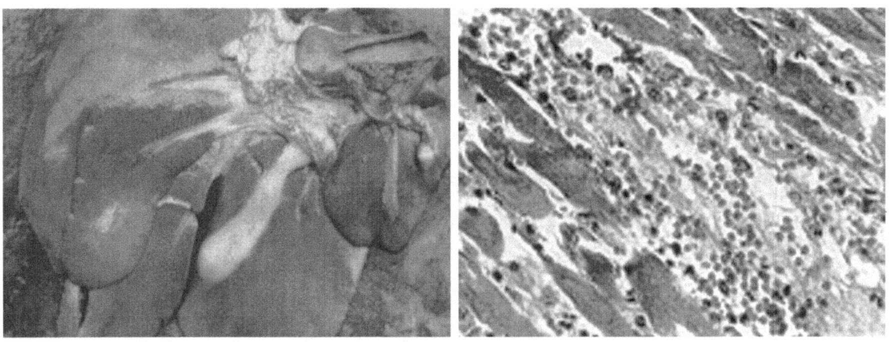

**图 4-2-1 变质性炎**

变质性炎组织器官的细胞变性、坏死程度会引起其相应的功能障碍，临床需针对病因进行合理治疗。

请认真理解与掌握变质性炎相关概念、常发病组织器官及相应不同肉眼观察病理变化，熟知变质性炎的鉴别方法与病变特点，掌握区分变质性炎与其他类型炎症的要点，能在变质性炎大体标本中找出并分析其组织细胞发生的变质性变化与常见病因。

根据任务情况，完成表 4-2-1 的任务工单。

**表 4-2-1 任务工单**

<table>
<tr><td colspan="2">班级：</td><td>姓名：</td><td>学号：</td></tr>
<tr><td>任务名称</td><td colspan="3">鉴别组织器官的变质性炎</td></tr>
<tr><td>任务描述</td><td colspan="3">根据实际情况，填写本任务的内容、目的、流程和方法。<br>任务内容：____________________<br>任务目的：____________________<br>任务流程：____________________<br>任务方法：____________________</td></tr>
</table>

续表

<table>
<tr><td colspan="2">班级：</td><td colspan="2">姓名：</td><td>学号：</td></tr>
<tr><td>获取信息</td><td colspan="4">要完成任务，需要掌握相关的知识。请收集资料，回答以下问题。<br>1. 什么是变质性炎？与其他类别的炎症相比有什么样的特点？常见病因又是什么？<br>2. 发生在动物组织器官中以细胞变性为主要特点的变质性炎症具有什么样的肉眼观察病理变化？<br>3. 发生在动物组织器官中以细胞坏死为主要特点的变质性炎症具有什么样的肉眼观察病理变化？<br>4. 变质性炎与实质器官的变质有什么样的区别？<br>5. 变质性炎的常见结局是什么？</td></tr>
<tr><td>制订计划</td><td colspan="4"></td></tr>
<tr><td rowspan="6">任务实施</td><td colspan="4">按照预先制订的工作计划，完成本任务，并记录任务实施过程。</td></tr>
<tr><td>序号</td><td>完成的任务</td><td>遇到的问题</td><td>解决办法</td></tr>
<tr><td></td><td></td><td></td><td></td></tr>
<tr><td></td><td></td><td></td><td></td></tr>
<tr><td></td><td></td><td></td><td></td></tr>
<tr><td></td><td></td><td></td><td></td></tr>
</table>

## 任务准备

【知识准备】

### 一、变质性炎的概念

**1. 定义**

变质性炎是一种多呈急性经过的炎症，因主要发生于实质器官又可称为实质性炎，甚至是坏死性炎。变质性炎是一种很常见的炎症，但由于其主要发生在实质器官中，主要变化以细胞损伤（如细胞肿胀、脂肪变性、细胞坏死等）为主，因此在临床诊疗需与实质器官的损伤加以区别。

**2. 特点与常见病因**

在变质性炎中主要的变化为实质细胞的变性和坏死。而渗出和增生性变化相较而言较为轻微。发生变质性炎的组织器官因发生变性或坏死的实质细胞程度和数量不同而出现不同的形态结构改变、功能减退。常见病因多见于以下几种。

（1）严重传染病，如犊牛口蹄疫、牛恶性卡他热、传染性肝炎等。

（2）中毒病，如黄曲霉毒素中毒、植物毒素中毒等。

（3）过敏性炎症等。

## 二、以细胞变性为主要病变的变质性炎常见肉眼观察病理变化

**1. 以细胞肿胀为主的变质性炎肉眼观察变化**

若发炎组织内发生细胞肿胀细胞数目较少，则可能不能观察到明显组织器官的眼观变化。若发炎器官内细胞肿胀较为明显，则可见其体积肿大、被膜紧张、切面隆起、边缘外翻、脏器色淡、混浊、无光泽（水煮样）、质地脆弱易碎。一般心脏呈灰红色，肝和肾呈灰黄色或土黄色。

**2. 以脂肪变性为主的变质性炎肉眼观察变化**

发炎组织器官肉眼观察病理变化依据其细胞内脂肪变性程度不同而稍有不同。若变性不严重或变性细胞不多，则在病变组织器官中不能观察到明显病理变化或仅见颜色稍变黄。随着病变程度加重，可观察到病变组织器官土黄色，质地脆软。

## 三、以细胞坏死性为主要病变的变质性炎常见病理变化

**1. 肉眼观察变化**

以坏死为主的变质性炎可在实质器官的表面见大小不一、数量不等、有界线或无明显界线的灰白或灰黄色坏死灶。根据坏死范围大小及发生部位不同而稍有不同，多可见坏死组织混浊、失去正常色泽，神经坏死从而失去感觉与痛觉，局部血液断绝，组织失去弹性，坏死组织与健康组织之间可见炎性反应带。

**2. 代谢变化**

（1）变质性炎局部组织细胞出现分解代谢增强的变化。炎区内细胞分解代谢功能显著增强，耗氧量增加，但由于酶系统受损和局部血液循环障碍造成的缺氧，使各种氧化不全产物和中间代谢产物在局部增多，容易出现局部酸中毒。

（2）变质性炎局部组织内渗透压升高。炎区内分解代谢增强和坏死组织的崩解，蛋白质等大分子物质分解为小分子，炎区胶体渗透压升高。同时，由于炎区局部组织充血肿胀导致局部出现血液循环障碍，无法将炎灶内各种氧化不全产物和酸性代谢产物及时清除，造成渗透压升高。炎灶内升高的渗透压可进一步促进局部水肿的发生。

**3. 功能变化**

发炎组织器官内细胞形态和代谢变化，细胞功能降低，从而使组织器官功能下

降，动物则出现相应临床症状。但当物质代谢障碍较为严重甚至细胞发生坏死时，发炎组织器官功能则受到严重影响甚至完全丧失。

## 四、变质性炎与组织器官变质的主要区别

**1. 肉眼观察区分**

区分变质性炎与组织器官的变质主要依据是否存在明显的炎性反应。观察大体标本时，仅靠肉眼观察难以区分变质性炎与组织器官的变性，二者发病实质器官一般均出现体积变大、质地脆弱与颜色变淡的相似变化。需要依据镜检才能区分。

**2. 镜检区分**

镜检可见实质器官的变性主要为细胞的变性与坏死，而发生变质性炎的实质器官则不仅能观察到以上实质细胞变化，也可见炎灶内轻微的渗出和增生变化，并伴有出血、充血和炎性细胞浸润等炎症反应。

## 五、变质性炎的结局

变质性炎一般为急性过程，其结局取决于实质细胞的损伤程度。

**1. 完全痊愈**

在变质性炎中损伤实质细胞较少、对实质器官影响较轻，且发生于具备一定修复与再生机能的组织器官中时，若及时清除病因，则局部炎灶内病变细胞及炎性产物可被吸收，损伤细胞可以通过再生得以修复，则可完全恢复，组织器官恢复原有形态结构和正常功能。

**2. 不完全痊愈**

在变质性炎中损伤实质细胞较多、对实质器官影响较严重时，则结缔组织增生取代组织中损伤的实质细胞而呈现出不完全痊愈。不完全痊愈组织器官不能恢复原有形态结构和正常功能，若损伤细胞过多或发生于重要器官（如脑、心肌等）甚至可能引起组织器官严重功能障碍，甚至引起动物机体死亡。

**3. 迁延不愈**

常发生于病因不能及时清除，病原不断刺激动物机体时，此时由于组织损伤与器官功能难以恢复，变质性炎转化为慢性炎症。主要表现为症状时而缓解、时而加重，病程长且不易痊愈。

【材料准备】

变质性炎大体标本。

【工具准备】

手机（或电脑）、白大褂、笔记本、签字笔等。

【人员准备】

人员分组，每组 4 人，明确职责分工（表 4-2-2）。

**表 4-2-2　任务分配**

| 任务角色 | 任务内容 |
| --- | --- |
| 组长 | 组织小组成员收集并归纳总结变质性炎相关知识点，组织讨论变质性炎组织器官肉眼观察的病理变化特点 |
| 组员 1 | 通过手机、电脑、纸质书籍等途径收集炎症变质性炎相关知识 |
| 组员 2 | 识别以细胞变性为主要病变的变质性炎病灶特点 |
| 组员 3 | 识别以细胞坏死为主要病变的变质性炎病灶特点 |

## 任务筹划

完成鉴别组织器官的变质性炎任务，需要筹划以下 4 个方面的事项。

（1）鉴别组织器官的变质性炎需要提前掌握炎症基本病理变化、组织细胞损伤过程等相关基本知识，从而与本任务内容对比分析。因此，需查阅并整理相关概念与相应病理变化。

（2）必须准确理解和记忆变质性炎基本病理变化及分类，针对不同类型变质性炎记录相应常见变质性炎病变特点。

（3）根据组织器官变质性炎病变程度，综合评判发炎组织器官功能和形态结构的变化，以及对机体的影响。

（4）认真记录变质性炎大体标本观察结果、变质性炎局部主要肉眼观察病理变化特点、组织器官整体变化及其受到的影响。

知识链接：变质的主要机理及代谢变化（二维码 4-2-1）。

二维码 4-2-1
知识链接：变质的主要机理及代谢变化

知识链接：变质中常出现的细胞变性、坏死（二维码 4-2-2）。

二维码 4-2-2
知识链接：变质中常出现的细胞变性、坏死

## 任务实施

步骤一：正确复述并讨论变质性炎的概念、发生部位和区别于其他类型炎症的特点。

步骤二：举例并说明临床诊疗过程中常见出现变质性炎的疾病，并描述在该疾病中可能发生的以细胞变性为主的变质性炎的组织器官功能及病理变化。

步骤三：描述以细胞坏死为主的变质性炎常见病因，并正确说明发炎组织器官肉眼观察病变特点。

步骤四：正确描述并分别说明变质性炎和实质细胞的变质概念，以及在临床诊疗过程中如何分辨二者病变的方式与特点。

步骤五：举例说明变质性炎发生在不同组织器官以及不同病变程度对动物机体造成的影响及常见结局。

## 任务检测

请扫描二维码 4-2-3 进行答题。

二维码 4-2-3
项目四任务二检测

## 任务评价

根据任务完成情况，完成任务评价（表 4-2-3）。

**表 4-2-3　任务评价**

| 班级： | | 姓名： | | 学号： | |
|---|---|---|---|---|---|
| 项目 | 评分标准 | 分值 | 自评 | 互评 | 师评 |
| 观察以细胞肿胀为主要变化的变质性炎大体标本 | 完整复述以细胞肿胀为主要变化的变质性炎相关概念和知识点 10 分；复述较好 7~9 分；复述良好 3~6 分；不能复述 0~2 分 | 10 分 | | | |
| | 能够指出并说明该大体标本中主要肉眼观察病变 10 分；完成较好 7~9 分；完成良好 3~6 分；不能完成 0~2 分 | 10 分 | | | |
| | 完整复述以细胞肿胀为主要变化的变质性炎的临床意义 10 分；复述较好 7~9 分；复述良好 3~6 分；不能复述 0~2 分 | 10 分 | | | |
| 观察以脂肪变性为主要变化的变质性炎大体标本 | 完整复述以脂肪变性为主要变化的变质性炎相关概念和知识点 10 分；复述较好 7~9 分；复述良好 3~6 分；不能复述 0~2 分 | 10 分 | | | |
| | 能够指出并说明该大体标本中主要肉眼观察病变 10 分；完成较好 7~9 分；完成良好 3~6 分；不能完成 0~2 分 | 10 分 | | | |
| | 完整复述以脂肪变性为主要变化的变质性炎的临床意义 10 分；复述较好 7~9 分；复述良好 3~6 分；不能复述 0~2 分 | 10 分 | | | |

续表

| 班级： | | 姓名： | | 学号： | |
|---|---|---|---|---|---|
| 项目 | 评分标准 | 分值 | 自评 | 互评 | 师评 |
| 观察以细胞坏死为主要变化的变质性炎大体标本 | 完整复述以细胞坏死为主要变化的变质性炎相关概念和知识点10分；复述较好7~9分；复述良好3~6分；不能复述0~2分 | 10分 | | | |
| | 能够指出并说明该大体标本中主要眼观病变10分；完成较好7~9分；完成良好3~6分；不能完成0~2分 | 10分 | | | |
| | 完整复述以细胞坏死为主要变化的变质性炎的临床意义10分；复述较好7~9分；复述良好3~6分；不能复述0~2分 | 10分 | | | |
| 整理变质性炎对机体的主要影响 | 整理思路清晰、描述得当，对变质性炎对机体的主要影响有清晰认识和理解10分 | 10分 | | | |
| 自我评价与总结 | | | | | |
| 教师点评 | | | | | |

# 任务三　鉴别组织器官的渗出性炎

## 任务导入

渗出性炎是一类在临床中非常常见、多呈急性经过的炎症。主要病理变化以产生性状、颜色、内含物均各异的各种渗出物为特征，伴随着发炎组织器官的组织细胞变质性反应，一般增生性变化不明显（图4-3-1）。渗出性炎症的多种渗出物是临床诊疗动物疾病的重要依据，渗出物的不同暗示着动物炎症性疾病的轻重、发生部位和病情发展进程。渗出性炎症包括浆液性炎、化脓性炎、卡他性炎、纤维素性炎和出血性炎五种，每种渗出液均有独特的眼观变化和临诊意义。

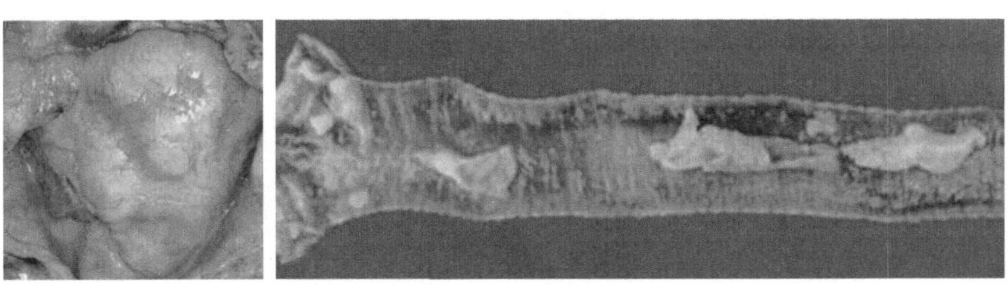

**图4-3-1　渗出性炎**

炎性渗出液有稀释毒素、消灭病原、限制病原微生物扩散、帮助巨噬细胞吞噬和促进组织再生与修复的重要作用，但过量的渗出液可能会压迫组织或阻塞血管。渗出性炎对动物机体患病局部甚至整体均有不可忽略的重要作用，可为确诊动物疾病、选择疾病合适治疗方法提供主要思路。

本任务从不同角度和特点分析渗出性炎症的分类和主要病理变化，深刻认识和理解渗出性炎相关概念，掌握不同类型渗出性炎、渗出性炎与其他病变的区别，综合分析渗出性炎症对机体的影响。

根据任务情况，完成表 4-3-1 的任务工单。

**表 4-3-1　任务工单**

<table>
<tr><td colspan="2">班级：</td><td>姓名：</td><td>学号：</td></tr>
<tr><td>任务名称</td><td colspan="3">鉴别组织器官的渗出性炎</td></tr>
<tr><td>任务描述</td><td colspan="3">根据实际情况，填写本任务的内容、目的、流程和方法。<br>任务内容：______<br>任务目的：______<br>任务流程：______<br>任务方法：______</td></tr>
<tr><td>获取信息</td><td colspan="3">要完成任务，需要掌握相关的知识。请收集资料，回答以下问题。<br>1. 什么是渗出性炎？依据渗出物不同可将渗出性炎划分为哪些类型？<br>2. 发生浆液或卡他性炎的组织器官多有什么样的肉眼观察病理变化？<br>3. 化脓性炎有哪几种表现形式？分别有什么样的特点？<br>4. 纤维素炎所生成的假膜有怎样的病理变化和诊疗特点？<br>5. 出血性炎与常规出血有什么样的区别？</td></tr>
<tr><td>制订计划</td><td colspan="3"></td></tr>
</table>

续表

<table>
<tr><td>班级：</td><td colspan="2">姓名：</td><td colspan="2">学号：</td></tr>
<tr><td rowspan="6">任务实施</td><td colspan="4">按照预先制订的工作计划，完成本任务，并记录任务实施过程。</td></tr>
<tr><td>序号</td><td>完成的任务</td><td>遇到的问题</td><td>解决办法</td></tr>
<tr><td></td><td></td><td></td><td></td></tr>
<tr><td></td><td></td><td></td><td></td></tr>
<tr><td></td><td></td><td></td><td></td></tr>
<tr><td></td><td></td><td></td><td></td></tr>
</table>

## 任务准备

【知识准备】

### 一、渗出性炎的概念

**1. 定义**

渗出性炎是一种多呈急性经过的炎症。其病变组织器官主要以渗出性变化为主，也可见不同程度变质和轻微增生。由于其主要变化为渗出，因而在发生渗出性炎的相应器官中可见成分不同、性质不一的各类渗出液存在。

**2. 分类**

依据渗出液性质、发生部位和表现形式的不同，可将渗出性炎分为以下 5 种。

（1）浆液性炎。以渗出较大量的浆液为特征的炎症。一般病变较为轻微，可见大量血浆液体渗出于皮下、黏膜、浆膜、肺和淋巴结等处。渗出物依据内含蛋白、脱落的细胞数量不同可呈现出无色或淡黄色的稀薄液体状，易于凝固。根据发生部位不同，浆液性炎的主要眼观变化、病变程度和对动物机体造成的影响也不尽相同。

（2）卡他性炎。此类渗出性炎症仅发生于黏膜组织，可见发炎组织中出现不同性状的渗出液沿黏膜表面向外排出。多呈急性经过，但也可转化为慢性卡他。根据卡他性炎的渗出物性质不同，因而卡他性炎包括浆液性卡他、黏液性卡他和脓性卡他等多种表现形式，这些表现形式既可以发生在同一炎症的不同阶段，也可混合发生。

（3）化脓性炎。此类渗出性炎症中可见各种组织局部，可出现灰白、灰黄或灰绿色的混浊凝乳状渗出物，即脓液。根据脓液的性质和发生部位不同，化脓性炎也可分为积脓、脓性卡他、脓肿、蜂窝织炎等多种表现形式，化脓性炎症对动物机体的影响与脓液的多少、病原侵袭力、发生部位的修复再生能力和能否及时清除脓液等多种因素有关。

（4）纤维素性炎。此类渗出性炎症中可见片膜、胶冻、丝状、绒毛、絮状沉淀形成的假膜样或绒毛状渗出物覆盖在器官的浆膜、黏膜、肺及肝等表面。根据形成的片状物是否容易剥离可将纤维素性炎分为浮膜性炎和固膜性炎。

（5）出血性炎。此类渗出性炎症中可见大量红色渗出物出现于动物机体任何组织器官，炎性渗出液中含有数量不等的红细胞。常伴随着其他渗出性炎症同时发生，因此渗出物的性质和发炎部位也有较大的差别。出血性炎属于一种较为严重的炎症，一般不能自愈，需及时诊断并采取治疗措施。

## 二、浆液性炎肉眼观察的病理变化

**1. 发生于黏膜**

若炎症发生于黏膜层，则可见肿胀、充血的黏膜表面附有大量稀薄、混有黏液的浆液渗出物，黏膜肿胀并充血。若发生在黏膜下层，切开发炎区域可见淡黄色的半透明胶冻样渗出物。

**2. 浆膜浆液性炎**

充血、肿胀的浆膜腔内有大量淡黄色澄清或稍混浊的浆液蓄积，也可称为浆膜腔积液。若渗出时间较久则可见浆膜腔内液体凝固为胶冻状。

**3. 皮肤及皮下疏松结缔组织浆液性炎**

若皮肤发生浆液性炎，浆液聚积于表皮棘细胞之间或真皮乳头层，皮肤出现大小不等、数量不一的丘疹样结节或水疱。若发生于皮下疏松结缔组织，指压皮肤可出现面团状凹陷。

**4. 肺**

发炎肺明显肿大，重量增加，肺内由于出现大量浆液聚集在肺泡内，因而切开后有大量含泡沫的液体流出。

**5. 淋巴结**

发炎淋巴结体积肿大、切面潮红多汁。

## 三、卡他性炎肉眼观察的病理变化

**1. 急性卡他**

发炎黏膜充血、潮红肿胀、表面附着大量渗出物，黏膜腔内有大量渗出物蓄积。由于卡他性炎的渗出物可以有浆液、黏液以及脓液等变化，因此急性卡他性炎的渗出液具有不同的性状。

**2. 慢性卡他**

多由急性卡他发展而来，肉眼观察可见黏膜不同程度的萎缩或增生。

## 四、化脓性炎的分类

**1. 脓性卡他**

化脓性炎症发生于黏膜表面，可见潮红、出血、肿胀的黏膜上出现大量黄白色，黏稠混浊的黏脓性渗出物（脓液），严重时黏膜出现糜烂和坏死。

**2. 积脓**

浆膜腔内出现化脓性炎症，脓液蓄积的现象。

**3. 脓肿**

脓肿指发生在器官组织内的局限性化脓性炎，脓肿内部充满脓液并与健康组织具有明显界线，慢性经过时常见脓肿外包囊形成。发生于皮肤的脓肿成为疖或痈，深部的脓肿如果向体表或自然管道穿破，可形成窦道或瘘管。

**4. 蜂窝织炎**

蜂窝织炎指发生在疏松结缔组织（皮下、黏膜、肌膜等）的弥漫性化脓性炎。其发展迅速、范围较大，可见发炎组织内有浆液和脓液渗出。

## 五、纤维素性炎的分类

**1. 浮膜性炎**

见于发炎组织损失较轻，细胞坏死变化不明显时，纤维素性炎中所形成的薄膜易于剥离，且不损伤下方组织的情况。

**2. 固膜性炎**

见于发炎部位渗出的纤维素与深层严重坏死组织牢固地结合，不易剥离，发炎器官病变部位表面粗糙，如果强行剥离可形成糜烂或溃疡。临床某些固膜性炎具有诊断意义（如慢性猪瘟的肠道“扣状肿”）。

## 六、出血性炎的特点

发炎局部渗出物呈红色，新鲜出血呈鲜红色，陈旧出血呈暗红色。炎区的变化和单纯的出血变化相似。临床需鉴别：出血性炎伴有血浆液体和炎性细胞的渗出，还伴有充血、水肿、炎性细胞浸润，同时也见程度不等的组织变质性变化（图 4-3-2），而单纯出血则缺乏炎症的征象，仅具有单纯性出血的表现。

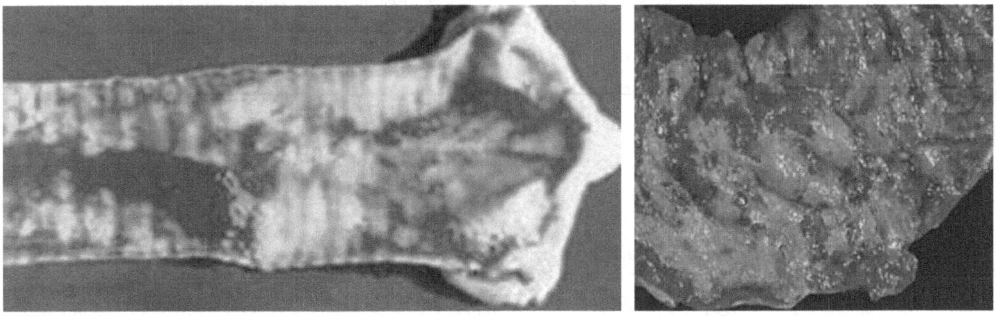

**图 4-3-2　出血性炎**

知识链接：其他渗出性炎（二维码 4-3-1）。

**二维码 4-3-1**
**知识链接：其他渗出性炎**

知识链接：炎症的结局（二维码 4-3-2）。

二维码 4-3-2
知识链接：炎症的结局

【材料准备】

渗出性炎大体标本。

【工具准备】

手机（电脑）、白大褂、笔记本、签字笔等。

【人员准备】

人员分组，每组 4 人，明确职责分工（表 4-3-2）。

**表 4-3-2　任务分配**

| 任务角色 | 任务内容 |
| --- | --- |
| 组长 | 组织小组成员收集并归纳总结渗出性炎相关知识点，组织讨论变质性炎组织器官肉眼观察的病理变化及不同渗出液特点 |
| 组员 1 | 通过手机、电脑、纸质书籍等途径收集炎症渗出性炎相关知识 |
| 组员 2 | 识别不同渗出液为主要变化的病理标本中渗出液的肉眼观察病理特点 |
| 组员 3 | 识别不同渗出性炎中组织器官的肉眼观察变化 |

## 任务筹划

完成鉴别组织器官的渗出性炎任务，需要筹划以下 5 个方面的事项。

（1）鉴别渗出性炎的病理变化，需要清晰认知渗出变化的基本知识。故需要提前查阅并知悉大体标本中渗出变化的主要表现形式、病理变化特征和炎症基本病理反应知识。

（2）必须掌握各类渗出液的理化特性，才能正确判定渗出性炎的种类、性质和临床意义，为临床诊疗打下坚实基础。

（3）在动物病程发展过程中，渗出性炎一般不会单独存在。必须理解和认识不同种类渗出性炎之间的关系，注意渗出性炎大体标本乃至临床患病个体中炎症的多种表现形式和伴随发生情况。

（4）渗出性炎时不能只着眼于其渗出性变化，其中的细胞变性和坏死变化也不可忽略。

（5）认真记录渗出性炎大体标本观察结果、渗出性炎局部主要肉眼观察病理变化及特点、组织器官整体变化及受到的影响。

## 任务实施

步骤一：正确复述渗出性炎的概念，详细说明依据渗出物不同的常见分类。

步骤二：正确复述渗出性炎肉眼观察的病理变化及常见表现形式，并理解和指出卡他性炎常见发生部位和特征。

步骤三：举例阐述化脓性炎的渗出物特点，根据发生部位不同指出其相关分类并分别说明相应肉眼观察的病理变化。

步骤四：分别说明纤维素性炎的渗出物形态特征和发生部位，并正确复述发生固膜性炎或浮膜性炎组织器官的病理变化及病理意义。

步骤五：正确复述在出血性炎大体标本中指出相应病理变化，并理解和指出出血性炎和常规出血的鉴别方法。

## 任务检测

请扫描二维码 4-3-3 进行答题。

**二维码 4-3-3**
**项目四任务三检测**

## 任务评价

根据任务完成情况，完成任务评价（表 4-3-3）。

**表 4-3-3 任务评价**

| 班级： | | 姓名： | | 学号： | |
|---|---|---|---|---|---|
| 项目 | 评分标准 | 分值 | 自评 | 互评 | 师评 |
| 观察浆液性炎大体标本 | 完整复述浆液性炎相关概念和知识点 10 分；复述较好 7~9 分；复述良好 3~6 分；不能复述 0~2 分 | 10 分 | | | |
| | 能够完整指出并识别浆液性炎主要分类和眼观病理变化 5 分；完成较好 3~4 分；完成良好 1~2 分；不能完成 0 分 | 5 分 | | | |
| | 完整复述浆液性炎对组织器官功能和结构的影响 5 分；复述较好 3~4 分；复述良好 1~2 分；不能复述 0 分 | 5 分 | | | |

续表

<table>
<tr><td colspan="2">班级：</td><td colspan="2">姓名：</td><td colspan="2">学号：</td></tr>
<tr><td>项目</td><td>评分标准</td><td>分值</td><td>自评</td><td>互评</td><td>师评</td></tr>
<tr><td rowspan="3">观察卡他性炎大体标本</td><td>完整复述卡他性炎相关概念和知识点 10 分；复述较好 7~9 分；复述良好 3~6 分；不能复述 0~2 分</td><td>10 分</td><td></td><td></td><td></td></tr>
<tr><td>能够指出并说明炎性细胞形态 5 分；完成较好 3~4 分；完成良好 1~2 分；不能完成 0 分</td><td>5 分</td><td></td><td></td><td></td></tr>
<tr><td>完整复述卡他性炎对组织器官功能和结构的影响 5 分；复述较好 3~4 分；复述良好 1~3 分；不能复述 0 分</td><td>5 分</td><td></td><td></td><td></td></tr>
<tr><td rowspan="3">观察纤维素性炎大体标本</td><td>完整复述纤维素性炎相关概念和知识点 10 分；复述较好 7~9 分；复述良好 3~6 分；不能复述 0~2 分</td><td>10 分</td><td></td><td></td><td></td></tr>
<tr><td>能够指出增生的纤维结缔组织或肉芽肿结构 5 分；完成较好 3~4 分；完成良好 1~2 分；不能完成 0 分</td><td>5 分</td><td></td><td></td><td></td></tr>
<tr><td>完整复述纤维素性炎对组织器官功能和结构的影响 5 分；复述较好 3~4 分；复述良好 1~2 分；不能复述 0 分</td><td>5 分</td><td></td><td></td><td></td></tr>
<tr><td rowspan="3">观察化脓性炎大体标本</td><td>完整复化脓性炎相关概念和知识点 10 分；复述较好 7~9 分；复述良好 3~6 分；不能复述 0~2 分</td><td>10 分</td><td></td><td></td><td></td></tr>
<tr><td>能够指出化脓性炎分类和肉眼观察病变结构 5 分；完成较好 3~4 分；完成良好 1~2 分；不能完成 0 分</td><td>5 分</td><td></td><td></td><td></td></tr>
<tr><td>完整复述化脓性炎对组织器官功能和结构的影响 5 分；复述较好 3~5 分；复述良好 1~2 分；不能复述 0 分</td><td>5 分</td><td></td><td></td><td></td></tr>
<tr><td rowspan="3">观察出血性炎大体标本</td><td>完整复述出血性炎相关概念和知识点 10 分；复述较好 7~9 分；复述良好 3~6 分；不能复述 0~2 分</td><td>10 分</td><td></td><td></td><td></td></tr>
<tr><td>能够指出出血性炎渗出物的分类 5 分；完成较好 3~4 分；完成良好 1~2 分；不能完成 0 分</td><td>5 分</td><td></td><td></td><td></td></tr>
<tr><td>完整复述出血性炎对组织器官功能和结构的影响 5 分；复述较好 3~4 分；复述良好 1~2 分；不能复述 0 分</td><td>5 分</td><td></td><td></td><td></td></tr>
<tr><td>自我评价与总结</td><td colspan="5"></td></tr>
<tr><td>教师点评</td><td colspan="5"></td></tr>
</table>

# 任务四　鉴别组织器官的增生性炎

## 任务导入

炎症中增生性炎是一种以慢性过程为主的常见炎症表现形式。主要病理变化以组织器官中结缔组织或细胞的增生为主，形成结节或肉芽肿，或组织器官发生硬化萎缩（图 4-4-1）。一般增生性炎组织细胞的变质性变化和渗出性变化不明显。最常见的增生性炎为慢性增生性炎和特异性增生性炎，增生的主要成分及发炎组织病理变化不同。临床可以依据特异性增生性炎肉芽组织包裹的病理组织作以鉴别和检查，成为确诊动物疾病的依据。

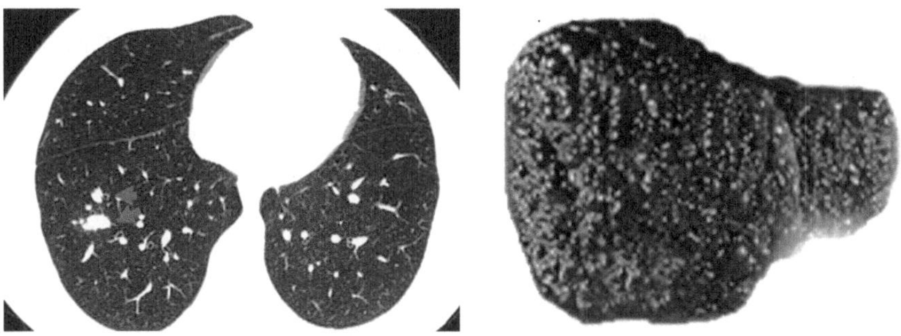

**图 4-4-1　增生性炎**

请认真理解增生性炎的相关概念，从增生性炎大体标本中识别并找出增生性变化的病变特征、对动物组织器官造成的影响以及分析常见病因。掌握增生性炎区别于其他类型炎症的主要特点和实践识别技术，认真做好实训笔记，归纳总结常见增生性炎结局以及常规诊疗手段。

根据任务情况，完成表 4-4-1 的任务工单。

**表 4-4-1　任务工单**

<table>
<tr><td>班级：</td><td colspan="2">姓名：</td><td>学号：</td></tr>
<tr><td>任务名称</td><td colspan="3">鉴别组织器官的增生性炎</td></tr>
<tr><td>任务描述</td><td colspan="3">根据实际情况，填写本任务的内容、目的、流程和方法。<br>任务内容：______<br>任务目的：______<br>任务流程：______<br>任务方法：______</td></tr>
</table>

续表

<table>
<tr><td>班级：</td><td colspan="2">姓名：</td><td colspan="2">学号：</td></tr>
<tr><td>获取信息</td><td colspan="4">要完成任务，需要掌握相关的知识。请收集资料，回答以下问题。<br>1. 什么是增生性炎？这在临床诊疗过程中有什么样的病理意义？<br>2. 增生性炎的主要增生成分是什么？依据增生成分不同可将增生性炎分为哪些类型？<br>3. 一般增生性炎的病理变化及常发生的组织器官种类有哪些？<br>4. 特异性增生性炎的常见病理变化和形态结构，对机体有什么样的影响？<br>5. 增生性炎的常见结局是什么？</td></tr>
<tr><td>制订计划</td><td colspan="4"></td></tr>
<tr><td rowspan="6">任务实施</td><td colspan="4">按照预先制订的工作计划，完成本任务，并记录任务实施过程。</td></tr>
<tr><td>序号</td><td>完成的任务</td><td>遇到的问题</td><td>解决办法</td></tr>
<tr><td></td><td></td><td></td><td></td></tr>
<tr><td></td><td></td><td></td><td></td></tr>
<tr><td></td><td></td><td></td><td></td></tr>
<tr><td></td><td></td><td></td><td></td></tr>
</table>

## 任务准备

【知识准备】

### 一、增生性炎的概念

**1. 定义**

增生性炎是一种常呈慢性经过或发生在急性炎症后期的炎症，炎症过程中主要以增生性变化为主，而变质与渗出变化不明显。

增生性炎主要增生的成分有细胞成分和形成肉芽组织结构。增生的细胞有血液中单核细胞所转化的巨噬细胞，以及成纤维细胞、血管内皮细胞等，有时也可见上皮细胞和实质细胞增生等。

**2. 分类**

(1) 一般增生性炎（普通增生性炎、非特异性增生性炎）。

急性增生性炎：少数渗出性炎以此类变化为主，此时炎症呈急性经过。可见于动物某些疾病的脑（病毒性脑炎、食盐中毒等）、肾（急性肾小球肾炎）、淋巴结（急性炎症）和肝（仔猪副伤寒）等组织细胞增生，主要病理变化多以形成结节为主。

慢性增生性炎（慢性间质性炎）：多数增生性炎以此类变化为主，此时炎症呈慢性经过。以间质纤维结缔组织大量增生为主，并有程度不等的淋巴细胞、浆细胞和巨噬细胞浸润为特征的慢性炎症。可见于动物某些疾病的肾（慢性间质性肾炎）、肝（肝硬化）、心（心肌硬化）等间质增生，主要的病理变化为不形成特殊结构，但组织器官硬化和萎缩。

(2) 特异性增生性炎（肉芽肿性炎症）。

感染性肉芽肿（传染性肉芽肿）：由生物性病原（如结核杆菌、放线菌、大肠杆菌等）引起的有一定特异性结构的肉芽肿。其由内至外一般依次由三部分组成。中心为感染性病原或其病理产物。

异物性肉芽肿：组织中的异物周围有数量不等的巨噬细胞、异物巨细胞和结缔组织包围的肉芽肿；其中央为体积较大且难清除的异物。

## 二、一般增生性炎肉眼观察的病理变化

### 1. 急性增生性炎

少数发炎器官出现组织细胞增生。如病毒引起的非化脓性脑炎，神经胶质细胞增生后形成大小、数量不等的灰白色胶质细胞结节；急性肾小球肾炎，肾小球毛细血管内皮细胞增生；仔猪副伤寒时，肝内网状细胞和单核巨噬细胞增生形成副伤寒结节等。

### 2. 慢性增生性炎

多为慢性增生性炎症过程，多从间质开始增生，可见发炎组织器官表面出现散在大小不一、数量不等的灰白色病灶，组织器官由于实质细胞发生萎缩、变性与坏死从而实质成分变少，出现器官体积慢慢缩小的病理变化。并因发生不同程度的纤维化而质地变硬，脏器皱缩，表面凸凹不平，功能出现障碍。

## 三、特异性增生性炎肉眼观察的病理变化

### 1. 传染性肉芽肿（感染性肉芽肿）

此类肉芽肿由三层构成：中心为病原或病理产物，如细菌团块、干酪样坏死及化脓或钙化的组织细胞。中间部分由上皮样细胞与多核巨细胞组成，是特异性增生性炎症的标志。外层为肉芽组织包裹，可见淋巴细胞和浆细胞等。形成传染性肉芽肿的主要原因是为局限病灶，炎灶局部上皮样细胞和多核巨细胞聚集并包围在生物

性致炎因子或其病理产物的周围，形成一个将病理产物与周围健康组织分隔开的肉芽肿结构。

**2. 异物性肉芽肿**

此类肉芽肿由三层构成：其中央为寄生虫等较大的异物以及坏组织崩解后不能溶解所形成的代谢产物等，在异物周围是数量不等的上皮样细胞、巨噬细胞，最外围是肉芽组织。形成异物性肉芽肿的主要原因是机体内出现体积较大、不能被单个巨噬细胞吞噬消化的异物，由于其不能引起典型的炎症或免疫反应，但却能刺激巨噬细胞增生和转化，使局部上皮样细胞和多核巨细胞增多，附着并包裹于异物表面，形成一个有特殊结构的肉芽肿。

## 四、常见增生性炎症的结局

**1. 不完全痊愈**

当组织损伤严重，动物机体以特异性增生性炎为主要经过时，可见病变器官内损伤的组织被肉芽组织取代。或发生慢性增生性炎时，由于增生性炎多有结缔组织增生，造成炎症局部瘢痕形成，不能恢复至正常结构，因而影响组织器官正常代谢和机能。

**2. 迁延不愈**

增生性炎属于慢性过程，因而多以迁延不愈为结局。如慢性间质性增生性炎症时，动物表现为病情长期不愈，组织器官因间质结缔组织增生而体积缩小、被膜皱缩、功能减弱。或发生传染性肉芽肿时，致病因素并未彻底清除，致使增生性炎持续并长期存在于动物机体，动物无法痊愈。

**3. 蔓延扩散**

蔓延扩散常发生在当生物性病因（如结核病时）不断刺激动物机体使其抵抗力下降或病原微生物数量增多、毒力增强时，可见以下几种。

（1）局部蔓延。增生性炎区的病原微生物经组织间隙或自然通道向周围组织蔓延，使增生性炎增生范围扩大，增生物数量增多。

（2）淋巴道蔓延。增生性炎区的病原侵入毛细淋巴管可引起淋巴结炎，并可再经淋巴液继续蔓延。

（3）血道蔓延。增生性炎区的病原突破局部屏障而侵入血液，引起广泛性全身增生性病理变化。

知识链接：肉芽肿和肉芽组织（二维码 4-4-1）。

**二维码 4-4-1**
**知识链接：肉芽肿和肉芽组织**

【材料准备】

增生性炎大体标本。

【工具准备】

手机（或电脑）、白大褂、笔记本、签字笔等。

【人员准备】

人员分组，每组 4 人，明确职责分工（表 4-4-2）。

**表 4-4-2　任务分配**

| 任务角色 | 任务内容 |
| --- | --- |
| 组长 | 组织小组成员收集并归纳总结增生性炎相关知识点，组织讨论增生性炎分类的辨别 |
| 组员 1 | 通过手机、电脑、纸质书籍等途径收集增生性炎相关知识 |
| 组员 2 | 识别特异性和一般性增生性炎的区别与肉眼观察的病理变化 |
| 组员 3 | 识别炎症大体标本中脏器的形态变化及影响 |

## 任务筹划

完成鉴别组织器官的增生性炎任务，需要筹划以下 4 个方面的事项。

（1）为了深入理解增生性炎的不同病理变化，需要掌握及熟知肉芽组织包囊形成、机化与钙化等相关基本知识。需提前复习相关概念及形成过程。

（2）正确判定并说明大体标本中增生性炎的主要病变特征，通过性质、结构、颜色、发病部位等方面描述增生性炎并填写观察记录。

（3）针对慢性增生性炎增生成分的归纳总结，结合在动物病程发展过程中增生性炎的病理意义，理解慢性增生性炎对实质器官功能和形态结构的影响。

（4）认真记录增生性炎大体标本观察结果、增生性炎局部主要肉眼观察病理变化特点、组织器官整体变化及其受到的影响。

## 任务实施

步骤一：正确复述增生性炎的概念、描述在动物机体中渗出性炎症的主要诊疗意义及对组织器官的影响。

步骤二：正确阐述在不同类别增生性炎中增生的主要成分，并依据增生产物的不同正确复述其分类及相关特征。

步骤三：举例说明一般增生性炎的分类及相应常发病组织器官，并分别说明急性增生性炎及慢性增生性炎大体标本中主要的肉眼观察病理变化。

步骤四：正确复述特异性炎大中眼观肉芽肿形态结构特征，正确辨别感染性肉芽肿和异物性肉芽肿并指出其对动物机体的主要利弊。

步骤五：根据增生性炎的主要病理特点正确分析并描述增生性炎主要结局和动

物机体常见转归。

## 任务检测

请扫描二维码 4-4-2 答题。

**二维码 4-4-2**
**项目四任务四检测**

## 任务评价

根据任务完成情况，完成任务评价（表 4-4-3）。

**表 4-4-3　任务评价**

| 班级： | 姓名： | | 学号： | | |
|---|---|---|---|---|---|
| 项目 | 评分标准 | 分值 | 自评 | 互评 | 师评 |
| 观察慢性增生性炎大体标本 | 完整复述增生性炎相关概念和知识点 10 分；复述较好 7~9 分；复述良好 3~6 分；不能复述 0~2 分 | 10 分 | | | |
| | 观察与鉴别过程中能够完整指出并说明相关慢性增生性炎肉眼观察病理变化 10 分；完成较好 7~9 分；完成良好 3~6 分；不能完成 0~2 分 | 10 分 | | | |
| | 完整复述慢性增生性炎对组织器官功能和结构的影响 10 分；复述较好 7~9 分；复述良好 3~6 分；不能复述 0~2 分 | 10 分 | | | |
| 观察传染性肉芽肿大体标本 | 完整复述传染性肉芽肿相关概念和知识点 10 分；复述较好 7~9 分；复述良好 3~6 分；不能复述 0~2 分 | 10 分 | | | |
| | 能够指出并说明传染性肉芽肿常见病因和结构 10 分；完成较好 7~9 分；完成良好 3~6 分；不能完成 0~2 分 | 10 分 | | | |
| | 完整复述传染性肉芽肿对该疾病的临床意义 10 分；复述较好 7~9 分；复述良好 3~6 分；不能复述 0~2 分 | 10 分 | | | |
| 观察异物性肉芽肿大体标本 | 完整复述异物性肉芽肿相关概念和知识点 10 分；复述较好 7~9 分；复述良好 3~6 分；不能复述 0~2 分 | 10 分 | | | |
| | 能够指出并说明异物性肉芽肿常见病因和结构 10 分；完成较好 7~9 分；完成良好 3~6 分；不能完成 0~2 分 | 10 分 | | | |
| | 完整复述异物性肉芽肿对该疾病的临床意义 10 分；复述较好 7~9 分；复述良好 3~6 分；不能复述 0~2 分 | 10 分 | | | |

续表

| 班级： | | 姓名： | | 学号： | |
|---|---|---|---|---|---|
| 项目 | 评分标准 | 分值 | 自评 | 互评 | 师评 |
| 归纳总结增生性炎对机体的影响和结局 | 整理思路清晰、描述得当，对增生性炎有清晰认识和理解 10 分 | 10 分 | | | |
| 自我评价与总结 | | | | | |
| 教师点评 | | | | | |

# 项目五 肿 瘤

## 项目导读

肿瘤是严重威胁动物健康及生命的一类疾病。随着规模化和集约化养殖模式的发展，新的致瘤因素尤其是传染性因素不断出现，动物肿瘤性疾病的发病率逐年增加，给养殖业造成了严重的危害。肿瘤对动物机体的影响主要取决于肿瘤的良恶性、大小和发生的部位等。兽医从业者掌握良性和恶性肿瘤的鉴别和诊断方法，识别动物常见肿瘤的病理变化可为临床诊断、肿瘤的预防与治疗奠定良好的基础。

## 知识目标

(1) 掌握肿瘤的概念。
(2) 了解肿瘤的生物学特征。
(3) 鉴别诊断良性和恶性肿瘤。
(4) 识别动物常见肿瘤的病理变化。

## 技能目标

能够鉴别诊断良性和恶性肿瘤，识别动物常见肿瘤的病理变化。

## 素养目标

(1) 引导学生树立正确的职业价值观念。
(2) 培养学生自主学习的意识和能力。
(3) 提升学生辩证思维能力和团队协作精神。

## 思政目标

引导学生做一名坚定的、有职业操守的兽医从业者，为养殖业健康有序的发展做出自己的贡献。

# 任务一　良性和恶性肿瘤的鉴别诊断

## 任务导入

在一次鸡的临床诊疗中发现，2~3 月龄的鸡出现大范围的精神萎靡、脱水、消瘦和昏迷的症状，部分病鸡出现共济失调，随后出现单侧或双侧肢体麻痹，发病迅速。尸体剖检后发现，肝肿大，有大小不一的局灶状或结节状白色或灰色病灶（图 5-1-1）。

另外，一次猪的尸体剖检中发现，在肠系膜上存在大量的肿块，呈结节状，切面有大小不等的分叶，有包膜，直径大小不等，和周围组织界线明显，质地柔软，颜色淡黄色或灰黄色，和正常脂肪组织十分相似（图 5-1-2）。

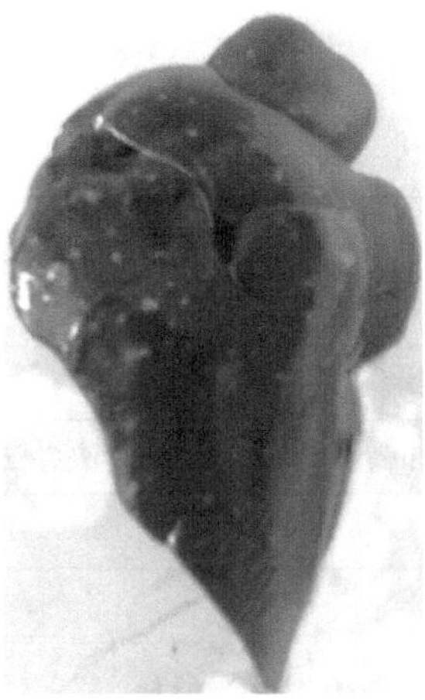

**图 5-1-1　鸡肝表面弥散性肿大**

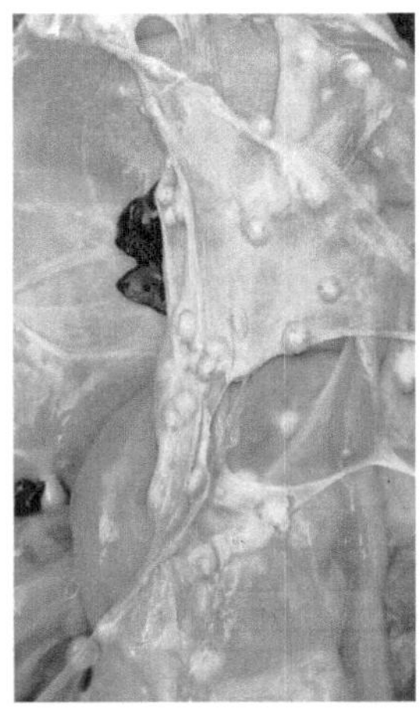

**图 5-1-2　猪肠系膜肿块**

请根据所学的理论知识，分析病例中的鸡和猪发生了什么病变，阐明判断的依据，并且试着分析这两种病变的鉴别与诊断的方法。

根据任务情况，完成表 5-1-1 的任务工单。

**表 5-1-1　任务工单**

<table>
<tr><td>班级：</td><td colspan="2">姓名：</td><td>学号：</td></tr>
<tr><td>任务名称</td><td colspan="3">良性和恶性肿瘤的鉴别诊断</td></tr>
<tr><td>任务描述</td><td colspan="3">根据实际情况，填写本任务的内容、目的、流程和方法。<br>任务内容：＿＿＿＿＿＿＿＿<br>任务目的：＿＿＿＿＿＿＿＿<br>任务流程：＿＿＿＿＿＿＿＿<br>任务方法：＿＿＿＿＿＿＿＿</td></tr>
</table>

续表

<table>
<tr><td colspan="2">班级：</td><td colspan="2">姓名：</td><td>学号：</td></tr>
<tr><td>获取信息</td><td colspan="4">要完成任务，需要掌握相关的知识。请收集资料，回答以下问题。<br>1. 什么是肿瘤？肿瘤细胞的特点有哪些？<br>2. 肿瘤的外观形态有哪些？<br>3. 肿瘤的代谢特点有哪些？<br>4. 肿瘤的生长与扩散方式有哪些？<br>5. 如何区分良性和恶性肿瘤？</td></tr>
<tr><td>制订计划</td><td colspan="4"></td></tr>
<tr><td rowspan="6">任务实施</td><td colspan="4">按照预先制订的工作计划，完成本任务，并记录任务实施过程。</td></tr>
<tr><td>序号</td><td>完成的任务</td><td>遇到的问题</td><td>解决办法</td></tr>
<tr><td></td><td></td><td></td><td></td></tr>
<tr><td></td><td></td><td></td><td></td></tr>
<tr><td></td><td></td><td></td><td></td></tr>
<tr><td></td><td></td><td></td><td></td></tr>
</table>

## 任务准备

【知识准备】

### 一、肿瘤的概念以及肿瘤细胞的特点

肿瘤指动物机体在各种致病因素的作用下，局部组织细胞在基因水平上对其生长失去控制，导致异常增生所形成的新生物，这种新生物所形成的局部肿块，称为肿瘤。

肿瘤细胞具备如下三个特点：①由正常细胞转变而来，与其正常细胞组织有一定的相似性；②生长无限制，并能够转移，即使致病因素停止而消除，细胞仍然继续生长；③缺乏正常的形态和物质代谢，没有正常的生理功能，对机体有害无益。

## 二、肿瘤的外观形态

肿瘤的外观形态主要从以下几个方面阐述。

(1) 肿瘤的形状。一般分为结节状、分叶状、乳头状、溃疡状、弥漫状和囊状六种形状。

(2) 肿瘤的颜色。一般呈灰白色，如果伴有出血将呈现为紫褐色，伴有坏死呈现为土黄色或灰白色。

(3) 肿瘤的硬度。一般含间质成分多的肿瘤呈现坚硬，含实质成分多的呈现为柔软。

(4) 肿瘤的大小。差异性很大，与肿瘤细胞的生长速度和疾病所处的病程有关，一般良性肿瘤生长期较长，生长速度较慢，并且会比较大而恶性肿瘤生长迅速，巨大的较少。

(5) 肿瘤的数量。多为单个，也有多个发生的情况。

## 三、肿瘤的代谢特点

肿瘤组织具有旺盛的生长特性，其物质代谢也很特殊。许多肿瘤组织在有氧或无氧条件下均以糖酵解方式获取能量。恶性肿瘤与良性肿瘤在糖酵解方面有量的差别，恶性肿瘤细胞更为显著，糖酵解的许多中间产物被肿瘤细胞利用来合成蛋白质、核酸等以保证肿瘤细胞生长的需要。蛋白质的合成与分解代谢均加强，但合成代谢超过分解代谢，夺取正常组织的蛋白质分解产物，以合成肿瘤本身所需要蛋白质，因此导致动物机体出现恶病质状态。肿瘤组织核酸代谢增强，肿瘤细胞有高度合成 DNA 能力，而且能将 RNA 转变成 DNA，这也加快了肿瘤细胞分裂和增殖。另外，肿瘤组织中脂肪代谢和水、盐代谢也加强为肿瘤细胞迅速繁殖创造条件。

## 四、肿瘤的生长

肿瘤的生长方式包括凸起性生长、膨胀性生长、浸润性生长和弥漫性生长 4 种方式。

**1. 凸起性生长**

凸起性生长又称外生性生长，指肿瘤细胞向组织表面凸起，形成褶皱，呈乳头状，多见于皮肤、黏膜表面、管道和囊腔。良性和恶性肿瘤均可呈此种方式生长，但是恶性肿瘤在外生性生长的同时还伴有浸润性生长。

**2. 膨胀性生长**

肿瘤组织并不侵入周围组织，而是以出发点为中心向周围逐渐扩大，挤压正常组织，呈结节状，周围有较完整纤维包膜，与正常组织界线分明，触诊时可活动，手术易于摘除，不易复发。良性肿瘤多为此种方式生长。

**3. 浸润性生长**

肿瘤组织向邻近组织侵犯和延伸，无包膜，与周围组织无明显界线。触诊时，肿瘤组织不活动，手术切除困难，易复发或转移。恶性肿瘤多为此方式生长。

**4. 弥漫性生长**

肿瘤细胞不聚集，而是单个地沿组织间隙向周围扩散。造血组织、未分化癌、未分化神经细胞形成的肿瘤常见以此种方式生长。

## 五、肿瘤的扩散

肿瘤的扩散与转移主要通过直接蔓延、侵犯和转移三种方式。转移常通过淋巴道转移、血道转移和种植性转移和接触性转移等方式。淋巴道转移即淋巴管性转移，是最普遍的转移通路（二维码 5-1-1）。血道转移指肿瘤细胞侵入血管后随血流到达其他器官继续生长，形成转移瘤，肉瘤的转移大多数借此途径（二维码 5-1-2）。种植性转移和接触性转移多见于腹腔内器官的肿瘤。

**二维码 5-1-1**
**动画：肿瘤淋巴道转移**

**二维码 5-1-2**
**动画：肿瘤血道转移**

## 六、良性和恶性肿瘤的区别

良性与恶性肿瘤的区别应根据细胞的分化程度、组织结构、生长方式、生长速度、蔓延、转移以及对机体的影响等诸多方面进行鉴别。

良性肿瘤多数是膨胀性生长或外生性生长，不浸润邻近组织，不转移，生长较慢，只排挤与压迫邻近组织，界线明显，有结缔组织包膜。对机体危害较小，手术可治，不易复发。组织学观察，肿瘤细胞分化程度良好，核分裂象少或无，与正常起源细胞的形态差异性小。

恶性肿瘤既有外生性生长又有浸润生长，生长迅速，侵犯与破坏周围邻近组织，常发生转移，对机体危害较大，手术后易复发，晚期引起全身性反应。组织学检查，肿瘤分化程度低，与正常起源的细胞形态上相差较大，近似胚胎发育期未分化成熟的细胞，核分裂象较多。良性和恶性肿瘤的差别也不是绝对的，在一定条件下可以相互转化，但一般良性转化为恶性。

【工具准备】

手机（或电脑）、笔记本、签字笔、放大镜等。

## 任务筹划

完成鉴别诊断良性和恶性肿瘤的任务，需要筹划以下 3 个方面的事项。

（1）现代社会信息技术日新月异，学习知识的途径不再拘束于实体教材和相关书籍，学习的方式也不仅仅拘泥于接受学习，学生在学习的时候要充分利用多媒体设备，充分发挥自主学习、探究学习和合作学习的方式，以便能够紧跟时代前进的步伐，高效地学习。

（2）任务完成过程中，必须对肿瘤的概念、外观形态代谢特点以及肿瘤的生长与扩散方式等理论知识要深入理解。

（3）为了达到任务目标能够鉴别诊断良性和恶性肿瘤，需要掌握良性和恶性肿瘤的生物学特征以及良性和恶性肿瘤的区别。

## 任务实施

步骤一：通过手机、电脑、纸质书籍等途径搜索肿瘤的概念以及肿瘤细胞的特点。

步骤二：通过手机、电脑、纸质书籍等途径搜索肿瘤的外观形态。

步骤三：通过手机、电脑、纸质书籍等途径搜索并认识肿瘤的代谢特点以及生长与扩散方式。

步骤四：通过手机、电脑、纸质书籍等途径搜索并总结良性和恶性肿瘤的鉴别诊断方法。

## 任务检测

请扫描二维码 5-1-3 进行答题。

**二维码 5-1-3**
**项目五任务一检测**

## 任务评价

根据任务完成情况，完成任务评价（表 5-1-2）。

**表 5-1-2　任务评价**

| 班级： | | 姓名： | | 学号： | |
|---|---|---|---|---|---|
| 项目 | 评分标准 | 分值 | 自评 | 互评 | 师评 |
| 知识技能 | 正确复述肿瘤的概念，了解肿瘤细胞的特点，完成度高 10 分；较好 7~9 分；良好 3~6 分；不能完成 0~2 分 | 10 分 | | | |
| | 举例说明肿瘤的外观形态，完成度高 10 分；较好 7~9 分；良好 3~6 分；不能完成 0~2 分 | 10 分 | | | |
| | 了解肿瘤的代谢特点，完成度高 10 分；较好 7~9 分；良好 3~6 分；不能完成 0~2 分 | 10 分 | | | |
| | 正确复述肿瘤的生长与扩散方式，完成度高 10 分；较好 7~9 分；良好 3~6 分；不能完成 0~2 分 | 10 分 | | | |
| | 正确鉴别诊断良性和恶性肿瘤，完成度很高 10 分；较好 7~9 分；良好 3~6 分；不能完成 0~2 分 | 10 分 | | | |

续表

<table>
<tr><td>班级：</td><td colspan="2">姓名：</td><td>学号：</td></tr>
<tr><td>自我评价与总结</td><td colspan="3"></td></tr>
<tr><td>教师点评</td><td colspan="3"></td></tr>
</table>

# 任务二　识别动物常见肿瘤的病理变化

## 任务导入

病例一：在一次牛场的诊疗中发现某犊牛皮肤表面有瘤状物，凸起于皮肤表面，外形如花椰菜状，表面粗糙，有许多细小裂隙。该犊牛未发现有其他的异常临床症状，经手术处理、多聚甲醛固定以及组织包埋处理，后经 HE 染色后镜检视野如图 5-2-1 所示。

病例二：在一次动物临诊实践中，收集到一例鳞状细胞癌的标本，实验室工作人员将其处理后制作成病理组织切片，并在显微镜下观察其病理变化（图 5-2-2）。

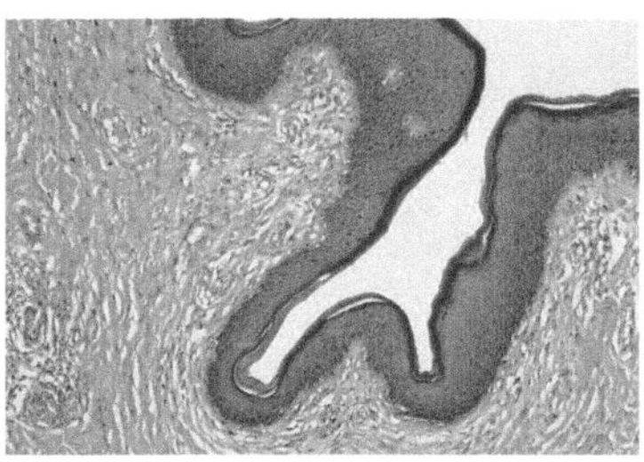

**图 5-2-1　皮肤瘤状物（HE 染色）**

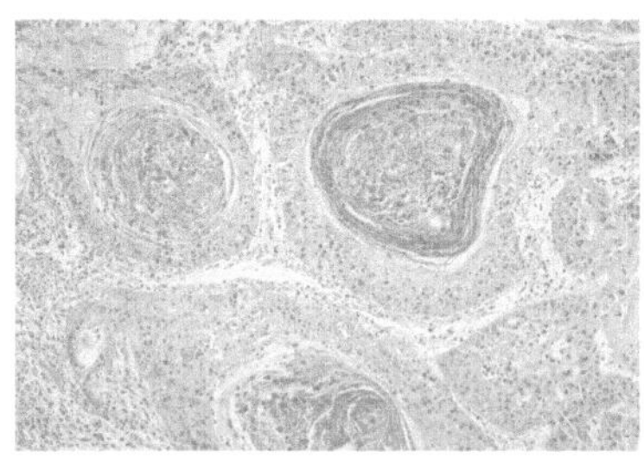

**图 5-2-2　鳞状细胞癌**

请根据所学的理论知识，分析病例一中发生的病变及其病理变化。对照显微镜下观察病变的情况，试着分析病例二中鳞状细胞癌的病理变化。

根据任务情况，完成表 5-2-1 的任务工单。

**表 5-2-1　任务工单**

<table>
<tr><td>班级：</td><td colspan="2">姓名：</td><td>学号：</td></tr>
<tr><td>任务名称</td><td colspan="3">识别动物常见肿瘤的病理变化</td></tr>
<tr><td>任务描述</td><td colspan="3">根据实际情况，填写本任务的内容、目的、流程和方法。<br>任务内容：________________<br>任务目的：________________<br>任务流程：________________<br>任务方法：________________</td></tr>
</table>

续表

<table>
<tr><td colspan="2">班级：</td><td colspan="2">姓名：</td><td>学号：</td></tr>
<tr><td>获取信息</td><td colspan="4">要完成任务，需要掌握相关的知识。请收集资料，回答以下问题。<br>1. 肿瘤发生的病因有哪些？<br>2. 肿瘤的组织结构有哪些？<br>3. 肿瘤的命名与分类有哪些？<br>4. 动物常见肿瘤以及病理变化有哪些？<br>5. 简述肿瘤的诊断与治疗。</td></tr>
<tr><td>制订计划</td><td colspan="4"></td></tr>
<tr><td rowspan="6">任务实施</td><td colspan="4">按照预先制订的工作计划，完成本任务，并记录任务实施过程。</td></tr>
<tr><td>序号</td><td>完成的任务</td><td>遇到的问题</td><td>解决办法</td></tr>
<tr><td></td><td></td><td></td><td></td></tr>
<tr><td></td><td></td><td></td><td></td></tr>
<tr><td></td><td></td><td></td><td></td></tr>
<tr><td></td><td></td><td></td><td></td></tr>
</table>

## 任务准备

【知识准备】

### 一、肿瘤发生的病因

肿瘤的病因包括内因和外因两个方面。外因主要指来自周围环境中的各种致瘤因素，内因则指机体自身抗肿瘤能力的降低。二者往往互为联系、协同作用。外因主要包括生物性因素、化学性因素和物理性因素三个方面。其中，生物性因素包括病毒与寄生虫，化学性因素包括亚硝胺类、霉菌毒素、多环碳氢化合物、芳香胺类与氨基偶氮染料、烷化剂与酰化剂或者某些微量元素，物理性因素包括 X 射线，各种放射性射线、紫外线、热辐射以及慢性炎性刺激等。

## 二、肿瘤的组织结构

肿瘤的组织结构由实质（瘤细胞）和间质（结缔组织）两部分组成。

**1. 实质**

实质由瘤细胞构成，是肿瘤的特殊成分，决定肿瘤的病理学特性和临床特点。瘤细胞由原来组织的正常细胞发生质变而来，其形态和组织结构，与起源的正常细胞组织有一定的相似之处。临床通常根据肿瘤细胞的组织来源、分化程度的高低和异型性的大小来进行肿瘤的分类、命名和组织学诊断。如果瘤细胞分化程度高，其细胞形态和组织结构排列与其起源组织的细胞相似度高，异型性小，多为良性肿瘤。如果瘤细胞分化程度低，甚至不分化，其细胞形态和组织结构与其起源的组织相似度低，即组织细胞幼稚和不成熟，接近胚胎性组织，多为恶性肿瘤。其细胞形态、大小不一，一般比正常细胞大，外形不整齐，细胞核变大，呈异型性，细胞核与细胞质比例不对称，核膜粗糙不平，多见异常核分裂现象。

**2. 间质**

肿瘤的间质是肿瘤的非特异性成分。主要由结缔组织和血管组成，有时还有淋巴管，起支持和营养肿瘤的作用。一般生长迅速的肿瘤，间质血管丰富，结缔组织少；生长慢的肿瘤间质血管少，因此临床抑制血管的生长也可达到控制或治疗肿瘤的目的。

## 三、肿瘤的命名与分类

肿瘤的命名既要反映组织来源，又要反映肿瘤的性质。因此肿瘤的命名原则一般是来源组织加上反映该肿瘤性质的后缀（如瘤、癌、肉瘤等）。

良性肿瘤通常在来源组织的名称之后加一个“瘤”字，如来源于纤维组织的良性肿瘤称为纤维瘤；来源于脂肪组织的良性肿瘤称为脂肪瘤。或结合其部位、形态特点命名，如乳头状瘤。也可将发生组织结合形态特征命名，如皮肤乳头状瘤、膀胱乳头状瘤等。

恶性肿瘤的命名，人们习惯性将恶性肿瘤统称为癌，正是由于恶性肿瘤中，癌几乎占 85%。而事实上恶性肿瘤的命名比较复杂。一般来讲，凡是来源于上皮组织的恶性肿瘤统称为癌，通常在来源组织的名称后加“癌”，如来源于鳞状上皮的恶性肿瘤称为鳞状细胞癌。凡是来源于间叶组织（包括纤维组织、脂肪、肌肉软骨组织）的恶性肿瘤统称为肉瘤，命名时在来源组织名称后加“肉瘤”，如来源于纤维组织的恶性肿瘤称为纤维肉瘤。凡是来源于未成熟的胚胎组织或神经组织的恶性肿瘤称母细胞瘤，如肾母细胞瘤、神经母细胞瘤等。有一些恶性肿瘤由于其来源和成分复杂，既不能称癌，也不能称为肉瘤，一般在传统名称前加上“恶性”二字。如恶性畸胎瘤、恶性黑色素瘤。有些恶性肿瘤一直沿用习惯名称。如马立克病、劳斯氏肉瘤都是用人名作肿瘤名称。由造血组织细胞来源的肉瘤，因为血液中有大量异常白细胞出现，所以习惯上称为白血病。

肿瘤的分类通常以其组织来源为依据，每个类别根据生长特性及对机体的危害程度不同，分为良性肿瘤和恶性肿瘤（二维码 5-2-1）。

**二维码 5-2-1　知识链接：肿瘤的分类**

## 四、动物常见的肿瘤及其病理变化

### （一）良性肿瘤

**1. 乳头状瘤**

皮肤乳头状瘤病是由乳多空病毒科的 DNA 病毒感染所致，多种动物均可发病，常侵害 2 岁以下的犊牛、1~3 岁的马匹和兔。肿瘤可见头、颈、耳、口唇、乳房、会阴、阴茎等处，通常认为发生部位与擦伤有关。乳头状瘤的大小不一，凸起于皮肤表面，肿瘤的外形如花椰菜状，表面粗糙，有许多细小裂隙，有蒂柄或宽广的基部与皮肤相连。大的乳头状瘤容易受到损伤，常引起出血和继发感染。

镜检可见乳头状瘤是由极度增厚的表皮组织构成，中心为增生的真皮组织。真皮组织呈长圆形，表面覆盖角化过度的鳞状上皮。在棘细胞层中，可见细胞质呈空泡状的单个细胞或细胞群。颗粒层中有大量变性的细胞，细胞质发生空泡化，覆盖在真皮乳头顶部的表皮组织极度增生。

**2. 脂肪瘤**

脂肪瘤发生在脂肪组织，肿瘤大小不一，单发或多发，外观呈偏圆形，质地柔软，淡黄色。包膜完整。光镜下，瘤组织由分化成熟的脂肪细胞和少量纤维组织组成。

### （二）恶性肿瘤

**1. 鳞状细胞癌**

鳞状细胞癌又称扁平细胞癌，简称鳞癌，多发生在口腔、舌、肛门、食管、阴道及皮肤无色素处，生长速度快，常转移至局部淋巴结和肺脏等器官。

肉眼观察：鳞状细胞癌多呈不规则团块状，按形态可分为生长型和糜烂型。生长型的肿瘤呈大小不一的乳头状，形成花椰菜状的凸起，表面常形成溃疡，易出血；有的肿瘤向深部组织发展，外观呈火山口状；肿瘤的切面呈白色，质地柔软，形成均匀的结节性组织，结节状肿瘤灶之间有纤维组织分割。

镜检：癌细胞呈短梭形或不规则形，细胞核大而深染，呈巢状排列。鳞癌的分化程度差异很大。分化较好的，可见癌巢具有鳞状上皮的结构层次。癌巢的中心常有“癌珠”或角化珠形成。“癌珠”呈同心层状排列，红色深染，外观如透明蛋白，厚薄不等。“癌珠”外周环绕着色淡的棘细胞层，细胞之间有时可见到细胞间桥，而癌细胞的核分裂象多见，并出现不典型的核分裂象。

**2. 纤维肉瘤**

纤维肉瘤在动物很常见，特别多发于犬、猫、黄牛和水牛。大多数发生在成年和老年动物，也偶见于幼龄动物。多发生躯体和四肢的皮肤及皮下、口腔和鼻腔等部位，内脏器官发生很少。肉瘤常发生缺血性坏死、炎症和水肿。绝大多数纤维肉瘤都呈快速的浸润性生长，手术切除后常会再发，但发生转移的病例并不很多。一般通过血流转移，首先在肺内形成继发瘤，也可能呈全身性转移，但不常扩散到局部淋巴结。

肉眼观察：纤维肉瘤大小不一，呈不规则结节状，界线不清，无包膜，质地坚实。切面呈灰红色鱼肉状，可见红褐色的出血区和黄色的坏死区。肿瘤侵蚀皮肤及黏膜时，表面常形成溃疡和继发感染。

镜检：纤维肉瘤是由交织的不成熟的成纤维细胞索和数量不等的胶原纤维构成。细胞含量比纤维瘤多，纤维形成一般很少，尤其是在高度间变的纤维肉瘤。瘤细胞通常为梭形，但也可能为卵圆形或星形。未分化肉瘤含有多核瘤巨细胞和具有异性核的瘤细胞。细胞核长圆形或卵圆形，染色深，核仁明显，2～5 个，常见核分裂象。细胞质含量有差异，细胞质边界有时很难与基质辨别。

**3. 淋巴肉瘤**

淋巴肉瘤是动物的一种常见肿瘤，牛、猪及鸡发生最多。现为牛、猪和鸡的淋巴肉瘤均是病毒引起的。广泛地见于全身所有的淋巴结，或仅见于个别的淋巴结群。生长迅速，容易广泛转移。

肉眼观察：淋巴结和器官增大，大小差异很大，经常不对称。淋巴结呈灰白色，质地柔软或坚实；切面像鱼肉状，有时伴有出血或坏死。肿瘤早期有包膜，互相粘连或融合在一起。内脏器官（如胃、肝、肾等）的淋巴肉瘤有结节型和浸润型两种。结节型为器官内形成大小不一的肿瘤结节，灰白色，与周围正常组织之间的分界清楚，切面上可见无结构、均质的肿瘤组织，外观仅见器官（如肝）显著肿大或增厚，而不见肿瘤结节。

镜检：淋巴肉瘤是由未成熟的淋巴网状细胞组成，器官组织的正常结构破坏消失，被大量分化不成熟的瘤细胞所代替，间质很少。

**4. 鸡卵巢腺癌**

鸡卵巢腺癌一般均见于成年母鸡，至少 1 岁龄以上。许多病鸡外观营养状态良好，严重病例经常伴有腹水，液体澄清，呈琥珀色，但不含纤维蛋白，所以并不凝固。

肉眼观察：典型病鸡在卵巢形成大量白色乳头状结节。有的卵巢腺癌由于腺腔中含有大量液体，形成大量大小不一的透明卵泡，大的可达鸽蛋大，充满于腹腔内，这种类型称为卵巢囊腺癌。继发性肿瘤广泛分布于腹腔内其他器官，可见灰白色、坚实、单个和融合的肿瘤，通常在十二指肠袢和胰腺最常见，有时在肝中也可以看到转移瘤，但很少发生在胸膜上面。

镜检：癌细胞呈现不同的分化程度。幼稚型癌细胞核染色质丰富，细胞质嗜碱性，不形成典型腺腔；成熟型癌细胞呈柱状或立方状，细胞核位于细胞基部，呈腺管样排列，腺泡数量很多时，排列致密，以致相互挤压形成髓样癌；衰老型癌细胞细胞质染色变淡，细胞核浓染，严重者细胞核碎裂成细小碎片，衰老型癌细胞排列紊乱，仅保留腺体样结构轮廓。

## 五、肿瘤的诊断与治疗

**1. 肿瘤的诊断**

目前，对于肿瘤的确诊，主要是病理学检查方法，包括尸检、脱落细胞检查和活体组织检查，对于某些组织来源不明的病症，还可借助电子显微镜观察，以求确诊。

**2. 肿瘤的治疗**

由于现代医学的深入研究和经验积累，目前对恶性肿瘤形成了的一整套的治疗模式，即手术治疗、放射治疗、化学药物治疗、生物反应调节剂和中医药治疗等方法。其中，手术治疗适用于绝大部分的早期和尚未转移的中期癌症病例，或部分虽属于晚期，但需要手术“减瘤”再进行放疗或化疗以达到减轻患病动物痛苦的目的。

【工具准备】

手机（或电脑）、笔记本、签字笔、显微镜等。

## 任务筹划

收集动物常见肿瘤以及观察其病理变化的任务，需要筹划以下 3 个方面的事项。

（1）现代社会信息技术日新月异，学习知识的途径不再拘束于实体教材和相关书籍，学习的方式也不仅仅拘泥于接受学习，学生在学习的时候要充分利用多媒体设备，充分发挥自主学习、探究学习和合作学习的方式，以便能够及时紧跟时代前进的步伐，做到高效地学习。

（2）任务完成过程中，必须对肿瘤的组织结构、命名与分类以及常见动物肿瘤等理论知识深入理解。

（3）为达到任务目标能够掌握动物常见肿瘤及其病理变化，需要掌握动物常见肿瘤的肉眼观察与镜检病理变化特点。

## 任务实施

步骤一：通过手机、电脑、纸质书籍等途径了解肿瘤的致病因素。

步骤二：通过手机、电脑、纸质书籍等途径搜索肿瘤的组织结构。

步骤三：通过手机、电脑、纸质书籍等途径搜索并认识肿瘤的命名与分类。

步骤四：通过手机、电脑、纸质书籍等途径搜索并总结动物常见肿瘤及其病理变化特点。

## 任务检测

请扫描二维码 5-2-2 进行答题。

二维码 5-2-2
项目五任务二检测

## 任务评价

根据任务完成情况，完成任务评价（表 5-2-2）。

**表 5-2-2　任务评价**

| 班级： | | 姓名： | | 学号： | |
|---|---|---|---|---|---|
| 项目 | 评分标准 | 分值 | 自评 | 互评 | 师评 |
| 知识技能 | 了解肿瘤形成的原因，完成度高 10 分；较好 7~9 分；良好 3~6 分；不能完成 0~2 分 | 10 分 | | | |
| | 正确复述肿瘤的组织结构，完成度高 10 分；较好 7~9 分；良好 3~6 分；不能完成 0~2 分 | 10 分 | | | |
| | 了解肿瘤的命名与分类，完成度高 10 分；较好 7~9 分；良好 3~6 分；不能完成 0~2 分 | 10 分 | | | |
| | 掌握动物常见肿瘤的病理变化特点，完成度高 10 分；较好 7~9 分；良好 3~6 分；不能完成 0~2 分 | 10 分 | | | |
| | 了解肿瘤的诊断与治疗方法，完成度高 10 分；较好 7~9 分；良好 3~6 分；不能完成 0~2 分 | 10 分 | | | |
| 自我评价与总结 | | | | | |
| 教师点评 | | | | | |

# 项目六 动物病理剖检诊断

## 项目导读

动物病理剖检也称为尸体剖检，是兽医及相关行业专业人员运用动物解剖学和病理学基本知识，通过检查识别组织器官的特征性病理变化来评估动物健康状况、诊断疾病或探查病因的一种重要科学手段。在动物疫病防治中，对死亡动物剖检是诊断动物疫病最直接的方式之一，通过剖检和病理分析做出疑似诊断，并采集相关病料送至实验室进行进一步确诊，以对动物疫病防治提供依据。

本项目从动物尸体剖检程序入手，通过行动导向"六部法"的操作流程，了解动物尸体剖检的注意事项和准备工作，熟悉动物尸体剖检的步骤和术式，掌握动物尸体剖检和样品采集的方法与技能，能够规范填写剖检记录和采样（送检）单，正确开展样品送检，尝试制作病理组织切片，并进行病理分析诊断。

## 知识目标

(1) 了解动物尸体剖检的注意事项，熟悉尸体剖检前的准备工作。
(2) 掌握常见畜禽尸体剖检的方法和术式。
(3) 掌握病原学、病理学和毒理学检查材料的采集方法。
(4) 掌握样品保存和送检的要领。
(5) 掌握病理组织切片制作和常用药液配制方法。

## 技能目标

(1) 理解常见的动物疾病和感染对动物健康的影响，做好剖检前准备工作。
(2) 正确使用个人防护装备，在处理可能的病原体时采取安全防护措施。
(3) 正确进行动物的尸体剖检，识别常见器官的剖检变化。
(4) 对病原学、病理学和毒理学检测样品进行正确的采集、保存和送检。
(5) 配制常用病理组织固定液并制作组织切片。
(6) 清晰完整记录和报告剖检的大体病变，与同事和利益相关者有效沟通。

## 素养目标

（1）培养辩证思维能力、动手能力、沟通能力及团队协作能力。

（2）树立生物安全意识，熟知动物携带病原微生物潜在感染风险，增强个人防护意识。

## 思政目标

厚植爱岗敬业的大国工匠精神，服务动物疫病防控，助力青海畜牧业高质量发展。

# 任务一　尸体剖检的准备

### 任务导入

开展动物尸体剖检是一个复杂的过程，需要做好前期准备工作，如准备剖检场地；准备所需的解剖和采样工具，包括解剖刀、剪刀、镊子、锯以及样品袋、玻片等；准备记录用品，包括签字笔、记号笔、相机、笔记本和记录表格等；穿戴适当的个人防护装备，包括手套、口罩、防护眼镜和一次性防护服等。此外，要掌握尸体剖检的注意事项，若发现动物尸体疑似感染炭疽时，禁止剖检。

请认真理解动物尸体剖检的注意事项，掌握尸体剖检的程序，并尝试做好尸体剖检前的准备工作。

根据任务情况，完成表 6-1-1 的任务工单。

**6-1-1　任务工单**

<table>
<tr><td>班级：</td><td colspan="2">姓名：</td><td>学号：</td></tr>
<tr><td>任务名称</td><td colspan="3">尸体剖检的准备</td></tr>
<tr><td>任务描述</td><td colspan="3">根据实际情况，填写本任务的内容、目的、流程和方法。<br>任务内容：________________<br>任务目的：________________<br>任务流程：________________<br>任务方法：________________</td></tr>
<tr><td>获取信息</td><td colspan="3">要完成任务，需要掌握相关的知识。请收集资料，回答以下问题。<br><br>1. 什么是动物尸体剖检，尸体剖检的意义是什么？<br><br>2. 动物死亡后尸体的变化有哪些？</td></tr>
</table>

续表

<table>
<tr><td colspan="2">班级：</td><td colspan="2">姓名：</td><td>学号：</td></tr>
<tr><td>获取信息</td><td colspan="4">3. 尸体剖检的注意事项有哪些？<br><br>4. 尸体剖检前要做好哪些准备工作？<br><br>5. 尸体剖检的步骤和程序是什么？</td></tr>
<tr><td>制订计划</td><td colspan="4"></td></tr>
<tr><td rowspan="6">任务实施</td><td colspan="4">按照预先制订的工作计划，完成本任务，并记录任务实施过程。</td></tr>
<tr><td>序号</td><td>完成的任务</td><td>遇到的问题</td><td>解决办法</td></tr>
<tr><td></td><td></td><td></td><td></td></tr>
<tr><td></td><td></td><td></td><td></td></tr>
<tr><td></td><td></td><td></td><td></td></tr>
<tr><td></td><td></td><td></td><td></td></tr>
</table>

## 任务准备

【知识准备】

### 一、尸体剖检的概念

尸体剖检是兽医病理学的一种基本研究方法和技术，是兽医及相关行业专业人员运用动物解剖学和病理学基本知识，通过解剖尸体并检查识别组织器官的特征性病理变化来评估动物健康状况、诊断疾病或探查病因的一种重要手段。

### 二、动物死亡后尸体的变化

动物死亡后，有机体变为尸体，因体内存在的酶和细菌的作用，以及受物理、化学和生物素多种内外界因素影响，尸体会逐渐发生一系列的变化。这些变化不仅对于确定死亡时间、位置和死因具有重要意义，而且对于生态学和生物学研究也有重要价值。例如，尸体的分解和腐败是生态系统中物质循环和能量流动的重要环节，有助于营养物质的再利用和生态平衡的维持。死亡后尸体的变化应与病理变化相区别，避免将死后变化误认为生前的病理变化。

**1. 尸冷**

动物死亡后，由于新陈代谢停止，产热过程停止，尸体温度逐渐降至与周围环境温度一致的水平。尸体温度下降的速度，在最初几小时较快，以后逐渐变慢。外界温度低时，尸冷发生快。尸体温度的检查有助于确定死亡时间。通常在室温条件下，一般每小时下降1℃，因此动物的死亡时间大约等于动物的正常体温与尸体温度之差。

**2. 尸僵**

动物死亡后，动物的肌肉开始收缩并变硬，导致四肢各关节不能伸屈，使尸体固定于一定的形状，这种现象称为尸僵。尸僵开始的时间，因外界条件及机体状态不同而异。通常在死后1.5~6 h开始发生，10~24 h最明显，24~48 h开始缓解。死于破伤风或番木鳖碱中毒的动物，尸僵发生得快而且明显；死于败血症的动物，尸僵不显著或不出现，如感染炭疽杆菌致死动物则会表现尸僵不全。

**3. 尸斑**

动物死亡后，由于心脏和大动脉的临终收缩及全身肌肉僵直收缩，血液被排挤到静脉内，并由于重力作用，血液逐渐流向尸体的低下部位，皮肤和内脏器官血管充盈血液，呈青紫色的淤血区，这种现象称为坠积性淤血。尸体倒卧侧皮肤的坠积性淤血形成紫色的斑块，称为尸斑。尸斑最早在死后30 min出现，一般在1~2 h开始形成。

**4. 尸体自溶和尸体腐败**

尸体自溶指体内组织因溶酶体酶和消化酶（如胃液、胰液中的蛋白分解酶）的作用引起的自体消化溶解过程，特别是在胃和胰腺等器官。胃黏膜自溶时表现为黏膜肿胀、变软、透明，极易剥离或自行脱落和露出黏膜下层，严重时自溶可波及肌层和浆膜层，甚至可出现死后穿孔。

尸体腐败指尸体组织蛋白由于细菌作用而发生腐败分解的现象，主要是由于肠道内的厌氧菌的分解、消化作用，或血液、肺内的细菌的作用，也有从外界进入体内的细菌的作用。在腐败过程中，体内复杂的有机物被分解为简单的化合物，并产生大量气体，如氨、$CO_2$、甲烷、氮气、硫化氢等。因此，腐败的尸体内含有大量的气体，并产生恶臭。尸体表现为死后臌气、尸绿、尸臭，肝、肾、脾等内脏器官腐败等。

**5. 血液凝固**

动物死后不久出现血液凝固，心脏和大血管内的血液凝固成血凝块。感染炭疽杆菌致死动物则会表现凝血不良，天然孔流出黑色血液。

**6. 胆汁浸润**

胆汁外渗导致尸体某些区域呈现黄色或绿色。

**7. 血红蛋白浸润**

红细胞崩解后，血红蛋白溶解在血浆内，并透过血管壁向周围组织浸润。

**8. 动物毁坏尸体**

昆虫、啮齿类和食肉类动物等可以严重损伤或完全毁坏尸体。

**9. 保存型尸体**

在特殊条件下，尸体可能不会经过一般的分解过程而长期保存其原形，如木乃伊、尸蜡和鞣尸。

**10. 白骨化**

尸体腐败后，软组织消失，最终只剩下骨骼。

## 三、尸体剖检的注意事项

**1. 自我防护**

剖检人员在开展工作前应穿戴适当的个人防护装备，特别是在剖检传染病尸体时。对可能出现的安全风险做好充分的预防措施，在剖检中不慎割破皮肤时应立即停止剖检进行消毒和包扎。剖检期间不应进行饮水、进食、吸烟等活动，剖检结束后做好消毒。

**2. 流调问诊**

尸体剖检前，应先调查了解发病动物种类、种群数量、死亡数量、地理坐标和异常事件涉及的区域。此外，还应了解病死动物生前病史、临死前的表现、临床检查、诊断检测及饲养管理和治疗情况等，为进一步剖检提供针对性。发现动物疑似感染炭疽、鼠疫等时，禁止剖检尸体。

**3. 剖检时间**

动物死后应及早进行尸体剖检，尸体放久后容易腐败，尤其是在夏天，这会影响对原有病变的观察和诊断。一般死后超过 24 h 的尸体及失去剖检意义。此外，剖检最好在白天进行，因在灯光下一些病变颜色（如黄疸、变性等）不易辨认。

**4. 伦理和法律考虑**

确保在剖检过程中尊重动物福利，遵循伦理准则，遵守相关法律和规定。

## 四、尸体剖检前的准备

进行尸体剖检，尤其是剖检传染病尸体时，剖检者既要保证自身安全，又要注意防止病原扩散和环境污染，必须做好如下准备工作。

**1. 剖检场地**

为了便于开展消毒和无害化处理，防止病原扩散，尸体剖检一般应在病理剖检室进行，应具有尸体无害化处理设施设备。如果条件不允许而在室外剖检时，应选择地势较高、环境较干燥，远离水源、道路、房舍和畜禽舍的地点进行。剖检前挖深 2 m 的深坑，便于剖检后尸体和污染物处理。

**2. 剖检器械和药品**

根据死前症状或尸体特点准备剖检器械，一般应有解剖刀、剥皮刀、脏器刀、外科刀、外科剪、镊子、骨剪、骨钳、骨锯、双刃锯、斧头、骨凿、虎头钳、探针、量尺、量杯、磨刀棒或磨刀石等。准备采样工具，包括采血器、采血管、离心管、试管、样品袋、无菌棉拭子、平皿、玻片、棉拭子等。此外，还应准备凡士林、滑石粉、棉花、纱布、酒精灯、酒精棉、试管架、冷藏箱、冰袋、采样单、签字笔、记号笔、不干胶标签、记录本等。

根据采样需要，准备 pH 值 7.4 磷酸盐缓冲液、50%甘油盐水缓冲液、阿氏液等保存液及固定组织用的内盛10%福尔马林或95%乙醇的广口瓶等。

**3. 人员防护装备及消毒用品**

乳胶手套、口罩、防护服、防护帽、护目镜、防水胶鞋、线手套、酒精、消毒洗手液、肥皂、喷雾器等。准备消毒液，如70%乙醇、3%~5%来苏尔、石炭酸、0.2%高锰酸钾、3%~5%碘酊等。

## 五、尸体剖检的程序

**1. 准备工作**

准备尸体剖检场所、所需的解剖和采样工具、记录用品以及消毒药等，穿戴适当的个人防护装备。

**2. 调查问诊**

调查发病死亡动物种类、数量、范围等，了解病死动物生前病史、临死前的表现、临床检查、诊断检测、饲养管理（饲料使用和营养状态、饲养条件）及治疗、免疫情况等。属于国家规定的禁止剖检的患病动物尸体，一定不能剖检，如炭疽。

**3. 致死动物**

大多数剖检的都是已经死亡的动物，发病但未死亡动物剖检前先致死动物，致死的方法有放血致死、静脉注射药物致死、人造气栓致死、断颈致死、断延髓致死、窒息致死和电击致死等。

**4. 剖检前尸体的处理**

剖检前应在尸体表面喷洒消毒液进行体表消毒。搬运尸体时，特别是搬运炭疽、开放性鼻疽等传染病尸体时，必须用浸透消毒液的棉花团塞住天然孔，并用消毒液喷洒尸体后方可运送。运送用的车辆和绳索等工具都要严格消毒，污染的土层、草料等要焚烧后深埋。

**5. 外部检查**

记录体重、体长等基本数据，检查动物的外部特征，寻找任何异常或损伤。

**6. 内部检查**

内部检查包括剥皮、皮下检查、体腔的剖开、组织器官的采出和检查等。

**7. 记录和报告**

详细记录观察到的所有异常，描述病变用词准确，根据观察和实验室结果，撰写详细的剖检报告。

**8. 样本采集和送检**

集血液、尿液等液体样本以及异常组织样本，保存样品并送实验室进行进一步检测分析，如生化试验、血清学和病原学检测（细菌或病毒分离培养），病理组织切片、涂片显微镜检等。

## 六、尸体剖检后的处理措施

**1. 消毒器械**

剖检所用器械经灭菌消毒后方可清洗和处理。剖检器械可直接放入消毒液内浸泡消毒，或直接放入煮锅或手提高压锅内消毒。金属器械消毒清洁后擦干，涂抹凡士林，以免生锈。一次性剖检器械和工具收回并无害化处理。

**2. 无害化处理尸体**

对剖检后的尸体和污染物进行无害化处理。可采用焚化或深埋方式，特殊情况如人兽共患病或烈性传染病尸体要先用消毒药处理再焚毁，炭疽尸体不能掩埋，更不能剥皮或使用。野外剖检后，尸体可就地深埋，深埋之前在尸体上喷洒具有强烈刺激异味的消毒药如甲醛等，以免尸体被意外挖出。

**3. 清洁场地**

剖检场地要进行彻底消毒，污水和废弃物集中处理，防止污染周围环境。

**4. 洗手消毒**

剖检结束后要按正确的程序脱掉防护装备，并做好洗手消毒。可先用消毒液冲洗，再用肥皂水洗涤双手。

**5. 后续行动**

如果发现传染病，告知动物主人，并向官方兽医报告，以提高疾病防控意识，并采取适当的防控措施。

知识链接：尸体剖检的意义（二维码 6-1-1）。

**二维码 6-1-1**
**知识链接：尸体剖检的意义**

【材料准备】

剖检室剖检场地：病理剖检实验室、解剖台、无害化处理坑设施设备。

人员防护装备：乳胶手套、口罩、防护服、防护帽、护目镜、防水胶鞋、线手套、酒精、消毒洗手液、肥皂、喷雾器等。

消毒液：75%乙醇、3%~5%来苏尔、石炭酸、0.2%高锰酸钾、3%~5%碘酊等。

【人员准备】

人员分组，每组 5 人，明确职责分工（表 6-1-2）。

**表 6-1-2　任务分配**

| 任务角色 | 任务内容 |
| --- | --- |
| 组长 | 组织小组成员讨论动物尸体剖检的意义、程序、注意事项、剖检后的处理措施，分配工作任务，完成尸体剖检前的准备工作 |
| 组员 1 | 参与讨论；按照分工做好尸体剖检场所、人员防护装备、尸体剖检器械的准备工作 |

续表

| 任务角色 | 任务内容 |
|---|---|
| 组员 2 | 参与讨论；按照分工做好尸体剖检采样工具、保存液以及消毒液的准备工作 |
| 组员 3 | 参与讨论；按照分工正确穿戴防护装备，开展剖检前调查问诊 |
| 组员 4 | 参与讨论；按照分工致死动物并消毒处理尸体，记录体重、体长等基本数据，检查动物的外部特征 |

## 任务实施

步骤一：了解尸体剖检的概念、意义、动物死亡后尸体的变化和动物剖检的注意事项，掌握尸体剖检的步骤和程序以及尸体剖检后处理措施。

步骤二：准备尸体剖检场所、所需的解剖和采样工具、记录用品以及消毒药等。

步骤三：准备尸体剖检人员的防护装备，并准确穿戴防护装备。

步骤四：调查问诊，致死动物并消毒处理尸体，记录体重、体长等基本数据，检查动物的外部特征。

## 任务检测

请扫描二维码 6-1-2 进行答题。

**二维码 6-1-2**
**项目六任务一检测**

## 任务评价

根据任务完成情况，完成任务评价（表 6-1-3）。

**表 6-1-3　任务评价**

<table>
<tr><td colspan="2">班级：</td><td colspan="2">姓名：</td><td colspan="2">学号：</td></tr>
<tr><td>项目</td><td>评分标准</td><td>分值</td><td>自评</td><td>互评</td><td>师评</td></tr>
<tr><td rowspan="6">知识技能</td><td>了解尸体剖检的概念和意义</td><td>5 分</td><td></td><td></td><td></td></tr>
<tr><td>了解动物死亡后尸体的变化</td><td>5 分</td><td></td><td></td><td></td></tr>
<tr><td>掌握尸体剖检的注意事项</td><td>5 分</td><td></td><td></td><td></td></tr>
<tr><td>完成尸体剖检前的准备工作</td><td>30 分</td><td></td><td></td><td></td></tr>
<tr><td>掌握尸体剖检的步骤和程序</td><td>10 分</td><td></td><td></td><td></td></tr>
<tr><td>掌握尸体剖检后处理措施</td><td>10 分</td><td></td><td></td><td></td></tr>
</table>

续表

| 班级： | | 姓名： | | 学号： | |
|---|---|---|---|---|---|
| 项目 | 评分标准 | 分值 | 自评 | 互评 | 师评 |
| 任务进度 | 提前完成 10 分；正常完成 7~9 分；超时完成 3~6 分；未完成 0~2 分 | 10 分 | | | |
| 任务质量 | 整体效果很好 10 分；较好 7~9 分；一般 3~6 分；较差 0~2 分 | 10 分 | | | |
| 素养表现 | 积极探索理论，操作严谨求实，动作规范，配合默契，观察细致 | 10 分 | | | |
| 思政表现 | 有较强的团队协作意识和生物安全意识 | 10 分 | | | |
| 自我评价与总结 | | | | | |
| 教师点评 | | | | | |

# 任务二　尸体剖检

## 任务导入

为了全面系统地检查尸体发生的病理变化，尸体剖检必须按照一定的方法和顺序进行。但考虑到各种动物解剖结构的特点、器官和系统之间的生理解剖学关系、疾病的性质以及术式操作，各种动物的剖检方法和顺序既有共性又有个性。因此，剖检方法和顺序不是一成不变的，而是依具体条件和要求有一定的灵活性。剖检一般先由体表开始，然后是体内，体内的剖检顺序通常从腹腔开始，之后胸腔，然后再其他。从腹部到胸部切口，暴露内脏，分离器官，逐一取出肝、脾、肾、胃、肠、淋巴结、心脏、肺等组织器官进行详细的检查。组织器官检查包括视觉检查（观察器官的颜色、大小、形状和质地）和触觉检查（通过触摸评估器官的质地和是否有异常肿块）等。剖检时，必须对尸体的病理变化做到全面观察，客观描述，详细记录，然后进行科学分析和推理判断，从而做出符合客观事实的病理解剖诊断。

请认真理解动物尸体剖检的方法和组织器官的检查要点，掌握常见动物的尸体剖检术式，并尝试开展动物尸体的剖检工作并做详细记录。

根据任务情况，完成表 6-2-1 的任务工单。

表 6-2-1　任务工单

<table>
<tr><td colspan="2">班级：</td><td colspan="2">姓名：</td><td>学号：</td></tr>
<tr><td>任务名称</td><td colspan="4">剖检尸体</td></tr>
<tr><td>任务描述</td><td colspan="4">根据实际情况，填写本任务的内容、目的、流程和方法。<br>任务内容：____________<br>任务目的：____________<br>任务流程：____________<br>任务方法：____________</td></tr>
<tr><td>获取信息</td><td colspan="4">要完成任务，需要掌握相关的知识。请收集资料，回答以下问题。<br>1. 尸体剖检的顺序是什么？<br>2. 组织器官的检查方法是什么？<br>3. 组织器官的检查要点有哪些？<br>4. 应如何描述剖检病变？<br>5. 常见动物的剖检术式有哪些？</td></tr>
<tr><td>制订计划</td><td colspan="4"></td></tr>
<tr><td rowspan="6">任务实施</td><td colspan="4">按照预先制订的工作计划，完成本任务，并记录任务实施过程。</td></tr>
<tr><td>序号</td><td>完成的任务</td><td>遇到的问题</td><td>解决办法</td></tr>
<tr><td></td><td></td><td></td><td></td></tr>
<tr><td></td><td></td><td></td><td></td></tr>
<tr><td></td><td></td><td></td><td></td></tr>
<tr><td></td><td></td><td></td><td></td></tr>
</table>

## 任务准备

【知识准备】

### 一、尸体剖检的顺序

剖检一般先由体表开始，然后是体内，体内的剖检顺序通常从腹腔开始，之后胸腔，然后再其他。

**1. 外部检查**

在剥皮之前检查尸体的外表状态，主要包括以下几个方面。

（1）尸体概况。动物类别、品种、性别、年龄、毛色、特征、体态等。

（2）营养状态。可根据肌肉发育和皮下脂肪的蓄积状态判断。

（3）皮肤。注意被毛的光泽度、厚度、硬度及弹性，有无创伤、溃疡、脓肿、外寄生虫及病理产物的污染等。

（4）天然孔。检查眼、鼻、口、肛门、外生殖器等各天然孔的开闭状态，有无分泌物、排泄物及其性状、颜色、气味等。应注意各天然孔可视黏膜的检查，着重检查黏膜色泽变化，观察有无贫血、淤血、出血、黄疸、溃疡和外伤等变化。

（5）尸体变化。包括尸冷、尸僵、尸斑、尸体自溶、尸体腐败、血液凝固等。尸体变化的检查有助于判定死亡发生的时间、位置等，应将死后尸体变化与病理变化相区别。

**2. 内部检查**

内部检查包括剥皮、皮下检查、体腔的剖开、内脏的采出和检查等。

（1）剥皮和皮下检查。为了检查皮下病理变化并利用皮革的经济价值，在剖开体腔之前应先剥皮。在剥皮过程中，应注意检查皮下淋巴结的状态，注意检查皮下有无充血、出血、水肿、脱水、炎症和脓肿等病变，并观察皮下脂肪组织的多少、颜色、性状及病理变化的性质等。剥皮后，应对肌肉和生殖器官做一个初步的检查。

（2）暴露体腔，视检体腔脏器。按不同的切线将腹壁切开，露出腹腔内的脏器，并立即进行视检。检查的内容包括腹腔液的量和性状、腹腔内有无异常内容物、腹膜的性状、腹腔脏器的位置和外形、膈的紧张程度及有无破裂等。剖开胸腔，注意检查胸腔液的数量和性状、胸腔内有无异常内容物、胸膜的性状、肺、胸腺、心脏等。

（3）组织器官的采出和检查。脏器的采出与检查可以同时进行，也可以先采出后检查。最好在采出的当时进行检查，因为此时脏器还保持着原有的湿润度和色泽。脏器在检查前要注意保持其原有的湿润程度和色彩，尽量缩短其在外界环境中暴露的时间。如果采出过久，由于受周围环境的影响，脏器的湿润度和色泽会发生很大的变化，使检查发生困难。但是，应用边采出边检查的方法，在实际工作中也有一定难度，因为与动物发病和致死原因有关的病变有时被忽略。检查顺序应依据检查目的和现场的实际情况，不应墨守成规。既要细致搜索和观察重点的病变，又要照顾到全身常规性检查。通常，腹腔、胸腔和颈部各器官和动物发病致死等问题的关系最密切，所以这三部分脏器采出之后就要进行检查，再按需要采出和检查其他各部分。在尸体剖检过程中即要做好剖检记录，一般由术者口述，专人记录。

## 二、组织器官的检查方法

### 1. 颈部、胸腔和腹腔器官的检查

检查顺序依据疾病的实际情况，先采出与发病和致死最相关的器官进行检查，与该病理过程发生发展有联系的器官可一并检查。或考虑到对环境的污染，应先检查口腔器官，再检查胸腔器官，之后再检查腹腔脏器中的脾和肝，最后检查胃肠道。腹腔脏器的采出包括胃、肠、肝、脾、胰、肾和肾上腺等的采出。为使咽、喉头、气管、食管和肺联系起来，以观察其病变的互相联系，可把口腔、颈部器官和肺一同采出。大动物一般将口腔、颈部器官、胸腔器官分别采出。采出口腔和颈部器官时，先检查颈部动静脉、甲状腺、唾液腺及其导管，颌下和颈部淋巴结有无病变，然后采出口腔和颈部的器官。

### 2. 骨盆腔脏器、脑的检查

在未采出骨盆腔脏器前，先检查各器官的位置和概貌。可在保持各器官的生理联系下一同采出。雄性动物先分离直肠并进行检查，然后检查包皮、龟头、尿道黏膜、膀胱、睾丸、附睾、输精管、精囊及尿道球腺等；雌性动物检查直肠、膀胱、尿道、阴道、子宫、输卵管和卵巢的状态。如剖检妊娠子宫，要注意检查胎儿、羊水、胎膜和脐带等。剖开颅腔采出脑后，先观察脑膜有无充血、出血和淤血，再检查脑回和脑沟的状态（禽除外），然后切开大脑，检查脉络丛的性状和脑室有无积水。最后横切脑组织，检查有无出血及溶解性坏死等变化。

### 3. 其他检查

（1）鼻腔的检查。用骨锯（大中动物）或骨剪（小动物和禽）纵行把头骨分成两半，其中的一半带有鼻中隔，或剪开鼻腔，检查鼻中隔、鼻道翻膜、额窦、鼻甲窦、眶下窦等。

（2）脊髓的检查。剖开脊柱取出脊髓，检查软脊膜、脊髓液、脊髓表面和内部。

（3）肌肉、关节的检查。肌肉的检查通常只是对肉眼上有明显变化的部分进行，注意其色泽、硬度，有无出血、水肿、变性、坏死、炎症等病变；关节的检查通常只对有关节炎的关节进行，看关节部是否肿大，可以切开关节囊，检查关节液的含量、性质和关节软骨表面的状态。

（4）骨和骨髓的检查。主要针对骨组织发生疾病的病例，先进行肉眼观察，检验其硬度及其断面的形象。骨髓的检查对于与造血系统有关的各种疾病极为重要。检查骨干和骨端的状态，红骨髓、黄骨髓的性质、分布等。

## 三、组织器官的检查要点

### 1. 淋巴结

要特别注意颌下淋巴结、颈浅淋巴结、髂下淋巴结、肠系膜淋巴结、肺门淋

巴结等的检查。注意检查其大小、颜色、硬度，与其周围组织的关系及横切面的变化。

**2. 肺**

首先注意其大小、色泽、重量、质度、弹性、有无病灶及表面附着物等。然后用剪刀将支气管剪开，注意检查支气管黏膜的色泽、表面附着物的数量、黏稠度。最后将整个肺纵横切割数刀，观察切面有无病变，切面流出物的数量、色泽变化等。

**3. 心脏**

先检查心脏纵沟、冠状沟的脂肪量和性状，有无出血。然后检查心脏的外形、大小、色泽及心外膜的性状。最后切开心脏检查心腔。沿左侧纵沟切开右心室及肺动脉，同样再切开左心室及主动脉。检查心腔内血液的性状，心内膜、心瓣膜是否光滑，有无变形、增厚，心肌的色泽、质度，心壁的厚薄等。

**4. 脾**

脾摘出后，注意其形态、大小、质度；然后纵行切开，检查脾小梁、脾髓的颜色，红髓、白髓的比例，脾髓是否容易刮脱。

**5. 肝**

先检查肝门部的动脉、静脉、胆管和淋巴结。然后再检查肝的形态、大小、色泽、包膜性状、有无出血、结节、坏死等。最后切开肝组织，观察切面的色泽、质度和含血量等情况。注意切面是否隆突，肝小叶结构是否清晰，有无脓肿、寄生虫性结节和坏死等。

**6. 肾**

先检查肾的形态、大小、色泽和质度，然后由肾的外侧面向肾门部将肾纵切为相等的两半（禽除外），检查包膜是否容易剥离，肾表面是否光滑，皮质和髓质的颜色、质度、比例、结构，有无结石等。

**7. 胃**

检查胃的大小、质度，浆膜的色泽、有无粘连。胃壁有无破裂和穿孔等，然后沿胃大弯剖开胃，检查胃内容物的性状、黏膜的变化等。反刍动物胃的检查，特别要注意网胃有无创伤，是否与膈相粘连。如果没有粘连，可将瘤胃、网胃、瓣胃、皱胃之间的联系分离，使四个胃展开。然后沿皱胃小弯与瓣胃、网胃之大弯剪开；瘤胃则沿背缘和腹缘剪开，检查胃内容物及黏膜的情况。

**8. 肠管**

从十二指肠、空肠、回肠、直肠分段进行检查。检查时，先检查肠管浆膜面的情况，然后沿肠系膜附着处剪开肠腔，检查肠内容物及黏膜情况。

**9. 骨盆腔器官**

雄性动物生殖系统的检查，从腹侧剪开膀胱、尿管、阴茎，检查输尿管开口及膀胱、尿道黏膜，尿道中有无结石，包皮、龟头有无异常分泌物；切开睾丸及副性腺检查有无异常。雌性动物生殖系统的检查，沿腹侧剪开膀胱，沿背侧剪开子宫及阴道，检查黏膜、内腔有无异常；检查卵巢形状、卵泡和黄体的发育情况、输卵管是否扩张等。

知识链接：其他相关知识点及概念请扫描二维码 6-2-1 至二维码 6-2-4 学习。

**二维码 6-2-1**
**知识链接：反刍动物的剖检术式**

**二维码 6-2-2**
**知识链接：单胃动物的剖检术式**

**二维码 6-2-3**
**知识链接：小动物的剖检术式**

**二维码 6-2-4**
**知识链接：家禽的剖检术式**

【材料准备】

剖检器械：解剖刀、剥皮刀、脏器刀、外科刀、外科剪、镊子、骨剪、骨钳、骨锯、双刃锯、斧头、骨凿、虎头钳、探针、量尺、量杯、磨刀棒或磨刀石等。

收集常见动物尸体剖检术式：收集常见动物尸体剖检术式的相关资料，奠定技术基础。

【人员准备】

人员分组，每组 5 人，明确职责分工（表 6-2-2）。

**表 6-2-2 任务分配**

| 任务角色 | 任务内容 |
| --- | --- |
| 组长 | 组织小组成员讨论动物尸体剖检的步骤、组织器官检查方法及要点，分配工作任务 |
| 组员 1 | 参与讨论，准备材料，完成剖检前尸体的处理 |
| 组员 2 | 参与讨论，主刀完成尸体剖检 |
| 组员 3 | 参与讨论，协助完成尸体剖检 |
| 组员 4 | 参与讨论，完成尸体剖检记录 |

## 任务实施

步骤一：完成剖检前尸体的处理。

步骤二：根据常见动物尸体剖检术式，开展动物的剖检。

步骤三：根据组织器官的检查方法和检查要点，采出和检查组织器官。

步骤四：准确进行剖检记录。

## 任务检测

请扫描二维码 6-2-5 答题。

**二维码 6-2-5**
**项目六任务二检测**

## 任务评价

根据任务完成情况，完成任务评价（表 6-2-3）。

**表 6-2-3　任务评价**

| 班级： | | 姓名： | | 学号： | |
|---|---|---|---|---|---|
| 项目 | 评分标准 | 分值 | 自评 | 互评 | 师评 |
| 知识技能 | 掌握尸体剖检的顺序 | 10 分 | | | |
| | 掌握组织器官的检查方法 | 10 分 | | | |
| | 了解组织器官的检查要点 | 10 分 | | | |
| | 完成剖检前尸体的处理 | 10 分 | | | |
| | 完成不同动物的剖检 | 10 分 | | | |
| | 完成尸体剖检记录 | 10 分 | | | |
| 任务进度 | 提前完成 10 分；正常完成 7~9 分；超时完成 3~6 分；未完成 0~2 分 | 10 分 | | | |
| 任务质量 | 整体效果很好 10 分；较好 7~9 分；一般 3~6 分；较差 0~2 分 | 10 分 | | | |
| 素养表现 | 动作规范，配合默契，观察细致 | 10 分 | | | |
| 思政表现 | 有较强的团队协作意识和生物安全意识 | 10 分 | | | |
| 自我评价与总结 | | | | | |
| 教师点评 | | | | | |

# 任务三　样品的采集和送检

## 任务导入

在动物疾病诊断检测、兽医科学实验等过程中均需要从动物体采集样品进行实验室诊断检查，包括采集液体样品和组织样品等。采集样品时应根据不同的检验目的需要对采集的样品做不同的保存、包装和运送，并详细填写采样（送检）单。

请认真理解动物疫病检测样品的采集方法，掌握各类样品采集技能，规范填写采样（送检）单，并尝试正确开展样品保存和送检。

根据任务情况，完成表 6-3-1 的任务工单。

**表 6-3-1　任务工单**

| 班级： | 姓名： | 学号： |
|---|---|---|
| 任务名称 | 样品的采集和送检 | |
| 任务描述 | 根据实际情况，填写本任务的内容、目的、流程和方法。<br>任务内容：__________<br>任务目的：__________<br>任务流程：__________<br>任务方法：__________ | |
| 获取信息 | 要完成任务，需要掌握相关的知识。请收集资料，回答以下问题。<br>1. 样品采集的目的是什么？<br>2. 样品采集注意事项有哪些？<br>3. 如何采集液体样品？<br>4. 如何采集组织样品？<br>5. 如何开展样品保存、包装和送检？ | |

续表

<table>
<tr><td>班级：</td><td colspan="2">姓名：</td><td colspan="2">学号：</td></tr>
<tr><td>制订计划</td><td colspan="4"></td></tr>
<tr><td rowspan="6">任务实施</td><td colspan="4">按照预先制订的工作计划，完成本任务，并记录任务实施过程。</td></tr>
<tr><td>序号</td><td>完成的任务</td><td>遇到的问题</td><td>解决办法</td></tr>
<tr><td></td><td></td><td></td><td></td></tr>
<tr><td></td><td></td><td></td><td></td></tr>
<tr><td></td><td></td><td></td><td></td></tr>
<tr><td></td><td></td><td></td><td></td></tr>
</table>

## 任务准备

【知识准备】

### 一、样品采集的注意事项

（1）活体动物采集血液、体液样品、口鼻和粪便拭子样品前要有正确的保定措施。针对不同类病料做好充分准备。

（2）无菌操作。宜使用一次性器皿，玻璃、陶制等器皿以及刀、剪、镊子等采样器械使用前应煮沸或高压灭菌。采样过程中应保持清洁，注意消毒，避免人员和器械对样品造成污染。为防止污染，每个脏器病料用一套灭菌的剪、刀、镊。采集每个样品前采样器械用酒精擦拭和进行火焰消毒。对采样部位做好消毒。

（3）不同病料不能混在一起，每份样品应单独使用一套器皿盛装。采集样品时对盛装病料的容器应先标明样品编号，并详细填写采样（送检）单。

（4）不同样品需要采用适宜的方法保存，注意低温包装，并按照符合生物安全要求的方式送检实验室，病料保存和送检尽早完成。

（5）采集病料样品时应先采集实质脏器，后采集腔肠等脏器。除采集患病或死亡动物组织样品外，还应采集毛发、周围水、土壤等环境样品，以及其他被认为对死亡产生作用因素的样品。

### 二、液体样品的采集

#### （一）血液样品

**1. 采血部位**

采集根据检验项目及需血量的多少，以及动物的特点，可采取末梢采血、静脉采血和心脏采血。

（1）末梢采血。适用于需血量少而且采血后立即进行血液稀释的项目（如血红蛋白测定、血细胞计数等）及血涂片等。马、牛等大动物可在耳尖部，猪、羊、兔等中小动物可在耳边缘的小静脉，鸡则在肉冠或肉髯。采血时，先保定好动物，局部剪毛，用乙醇棉球擦拭消毒，待充分干燥后，用已消毒过并干燥的针头刺入耳尖约 1 cm 或刺破耳边缘小静脉，让血液自行流出。擦去第 1 滴血（因其混有组织液而影响计数），用吸管直接吸取第 2 滴血做检验。但在做血液寄生虫检验时，最好用第 1 滴血制作血片，因第 1 滴血混有组织液而血液寄生虫的检出率较高。

（2）静脉采血。马、牛、羊多在颈静脉，猪在耳静脉或断尾采血，犬、猫多在四肢静脉（如隐静脉等），禽在翼下静脉。动物保定好后，局部剪毛消毒，手持已消毒过的干燥的采血针头刺入静脉内，立即用注射器抽取血液或用洁净干燥的试管接取血液。需要注意的是，静脉采血时，所用的采血针头、注射器或试管等容器，必须干燥，在用试管等容器接取血液或将用注射器抽取的血液导入试管等其他容器内时，使血液沿着容器的内壁导入或慢慢注入，以免发生溶血。

（3）心脏采血。对于鸡、兔，需血量较多时，尚可采用心脏采血。鸡的心脏采血时，将鸡右侧卧保定，使左胸部向上，局部剪毛消毒，用 10 mL 注射器接上 5 cm 长的 20 号针头，在胸骨脊前端与背部下凹处连线的中点，垂直或稍向前内方刺入 2~3 cm，即可采得心血。成年鸡每次可抽血 5~10 mL。兔的心脏采血时，将兔在固定板上仰卧保定，局部剪毛消毒，用左手 4 根手指按紧兔的右侧胸壁，用拇指感触兔的左侧胸壁心脏搏动最强处，右手持注射器垂直刺入，边刺边回抽注射器活塞，如刺中右心室可抽得暗红色的静脉血，如刺中左心室则可抽得鲜红色的动脉血。成年兔每次可抽血 10~20 mL。

**2. 血液标本的处理**

根据检验项目的不同，有的需要抗凝血全血，有的需要血浆，还有的需要血清。用加入抗凝剂的采血管，或将血液注入加入 0.1%肝素钠、阿氏液或枸橼酸钠等抗凝剂的试管中，并充分混匀，即为抗凝血，抗凝血静置或离心所获得的最上层的黄色或无色半透明的液体即为血浆。将静脉采取的血液直接导入试管内，摆成斜面，置于室温下使其自然凝固或离心沉淀，即可析出血清。血清与血浆的区别，在于血清中不含有纤维蛋白原。

### （二）体液样品

**1. 分泌液和渗出液**

眼、鼻腔、口腔的分泌液或渗出液，开放的化脓灶，可用灭菌的棉拭子蘸取放入试管，也可将拭子上的分泌物洗在灭菌的保存液内。未破溃的脓肿可用采血器刺入脓肿，吸出脓汁注入灭菌容器内。

**2. 胃液及呼吸道分泌物**

将多孔的胃管送入胃内，其外端接在吸引器的负压瓶上，加负压后胃液自动流出。用灭菌棉拭子采集咽喉或气管内分泌物，蘸取分泌物后将拭子浸入保存液中。

**3. 精液及尿液**

所采精液样品应包括“富精”部分，盛装于无菌试管中避免防腐剂污染。在动物排尿时用洁净的容器直接接取中段尿液，或从死亡动物膀胱中抽取尿液。

**4. 生殖道分泌物**

主要是阴道分泌物、阴道冲洗液、阴茎包皮冲洗液等。将消毒好的吸管插入子宫颈口或阴道内，向内注射少量营养液或生理盐水，用吸球反复抽吸几次后注入培养液中。用软胶管插入公畜的包皮内，向内注入少量的营养液或生理盐水，多次揉搓冲洗，收集冲洗液注入无菌容器中。

**5. 脑脊液**

脑可纵切取其一半，若尸体腐败，可取长骨或肋骨，从骨髓中检查细菌，某些情况下可取整个头。必要时采取部分骨髓或脊髓液。采用穿刺法，在颈椎环枢孔和腰椎腰荐孔，术部经剪毛消毒后，用专用的穿刺针垂直缓慢刺入蛛网膜下腔，拔出针芯，脑脊液自动流出或点滴状流出，盛入消毒容器中。脑及脊髓病料浸入50%甘油生理盐水中，整个头或骨用浸过 1 g/L 氯化汞溶液的纱布或油布包裹，冷藏送检。

### （三）其他液体

采集胆汁、脓、黏液和关节液等样品时，消毒采集部位后用采血器插入并吸取内部液体材料。也可用接种环经消毒部位插入，提取病料直接接种到培养基或涂布到玻片上。

## 三、组织样品的采集

根据所怀疑疾病的类型和特性选择病变明显或病原微生物富集的部位，在采集组织器官病料过程中应注意无菌操作。采集各脏器组织样品的同时作触片或压片数张。病理学组织样品要采集病健交界处的组织块，组织厚度不超过 0.5 cm，组织块不应挤压、刮磨或用水洗，并立即置入 10 倍于组织块的 10%的甲醛溶液或多聚甲醛中固定。

**1. 实质器官**

剥离动物皮肤后用消毒器械依次打开腹腔、胸腔以及头骨，采集肝、肾、脾、胃、胰腺、心脏、肺、脑等实质器官组织样品，大小 1~2 $cm^3$ 方块即可，若是幼小动物，可采取完整的器官，分别置于灭菌容器内。

**2. 淋巴结**

采取病变脏器邻近的淋巴结，并尽可能多取几个。若采取胃肠附近的淋巴结，应防止胃肠内容物污染。

**3. 肠管**

用线扎紧病变明显处（5~10 cm）的两端，自扎线外侧剪断，把该段肠管置于灭菌容器中，冷藏送检。

**4. 皮肤**

能在皮肤上引起疱疹或丘疹、结节、脓疱性皮炎、皮肤坏死等病变的疫病，均可采取有病变的皮肤进行检验。采集病变部位皮肤的碎屑以及未破裂水疱液、水疱皮作为样品。一般情况下采取大约 10 cm×10 cm 的皮肤一块，放于保存液中。

**5. 胎儿**

主要是动物死胎、流产排出的胎儿、胎盘。未腐败的胎儿及胎盘可将整个尸体包入无菌样品袋或尸体袋中，或采取胎儿胃和内容物及其他病变脏器送检。

**6. 胃肠内容物病料**

小动物可将食管及十二指肠结扎，断端烧烙的整个胃送检。大家畜胃内容物，以无菌刀切开胃后，用灭菌匙取。肠内容物可用生理盐水冲洗收集，或扎穿肠壁用吸管吸取内容物，并在灭菌的 30%甘油生理盐水缓冲液中保存。也可选取适宜肠段 7 cm 左右，两端结扎，以灭菌剪刀从结扎线外端剪断。

**7. 粪便病料**

用清洁灭菌玻璃棒挑取新鲜粪便或以灭菌的棉拭子从直肠深处或泄殖腔黏膜上蘸取粪便，并立即投入灭菌的试管内密封，或在试管内加入少量 pH 值 7.4 的保护液再密封。

## 四、样品保存、包装和运送

（1）供细菌或病毒等病原学检测的液体及脏器病料应分别放入灭菌的容器内或灭菌的样品袋内。做细菌检验的粪便病料较少时，可投入无菌缓冲盐水或肉汤试管内；粪便量较大时可装入灭菌的容器内，如较长时间才能送检，应加入保存液。抽吸的分泌物或渗出液，要分别放入已灭菌的玻璃瓶内密封。棉拭子病料可放入灭菌保存液的试管内密封。病理组织学病料用 10%福尔马林固定液密封保存在标本瓶内。毒理学材料要分别装入清洁的容器内，并且注意切勿与任何化学药剂接触混合。

（2）采集的样品应立即冷藏送实验室，在无法及时送检的情况下应根据不同的检验要求和所需温度分类保存于冰箱中。细菌检测样品应 4℃保存，病毒检测样品应在 0℃以下低温保存。血清放-20℃冻存，全血暂时放 4℃冰箱保存。血液样品尽量减少反复冻融。

（3）每个病料应分别包装，对样品用记号笔在样品袋或器皿上进行连续性编号，样品编号必须与送检（采样）单中编号一致。统一装入样品袋并注明病料名、病料编号、采样日期等。制成的涂片、触片上注明编码并另附说明。

（4）样品的包装用主容器、样品袋、冷藏箱三重包装的方式，要保证防水、防漏、密封性良好。血清分离后盖好离心管，玻璃器皿加垫缓冲材料防止破裂。涂片两端用细木条分隔开，层层叠加，底层和最上层涂面向内，用细线包扎好。若检测样品是用于重大动物疫病，如禽流感、口蹄疫、非洲猪瘟等，应符合相关样品运送规定。

（5）送往实验室的样品应附有送检（采样）单，并备份存档。样品记录内容包括样品编号、动物名称、样品种类、样品数量、采样地址（坐标）、动物发病死亡时间、临床症状、预检项目、采样日期、送检单位等。

知识链接：样品采集的目的（二维码 6-3-1）。

**二维码 6-3-1**
**知识链接：样品采集的目的**

【材料准备】

采样工具：手术刀、手术剪、组织镊、量尺、器械盘、切板、试管、量筒、量杯、广口瓶、桶、塑料袋、结扎线，采血器、采血管、离心管、样品袋、无菌棉拭子、平皿、玻片、试管架、冷藏箱、冰袋、采样单、签字笔、记号笔、不干胶标签、记录本、棉花、纱布、酒精灯、酒精棉等。

保存液：pH 值 7.4 磷酸盐缓冲液、50%甘油盐水缓冲液、阿氏液等保存、10%福尔马林或 95%乙醇等。

样品采集（送检）单如表 6-3-2 所示。

**表 6-3-2　样品采集（送检）单**

| 样品编号 | 动物名称 | 样品种类 | 样品数量 | 采样地址（坐标） | 动物发病死亡时间 | 临床症状 | 预检项目 | 备注 |
|---|---|---|---|---|---|---|---|---|
| | | | | | | | | |
| | | | | | | | | |
| | | | | | | | | |
| | | | | | | | | |
| | | | | | | | | |
| 采样单位： | | | 采样人： | | | 采样日期： | | |

【人员准备】

人员分组，每组 5 人，明确职责分工（表 6-3-3）。

**表 6-3-3　任务分配**

| 任务角色 | 任务内容 |
|---|---|
| 组长 | 组织小组成员讨论动物样品采集的目的、注意事项，分配工作任务 |
| 组员 1 | 参与讨论，准备材料 |
| 组员 2 | 参与讨论，主刀完成液体样品采集 |
| 组员 3 | 参与讨论，主刀完成组织样品采集 |
| 组员 4 | 参与讨论，完成样品保存、包装和送检 |

## 任务实施

步骤一：准备样品采集工具和保存液。
步骤二：正确采集液体样品和组织样品。
步骤三：规范填写采样（送检）单。
步骤四：正确开展样品保存、包装和送检。

## 任务检测

请扫描二维码 6-3-2 进行答题。

二维码 6-3-2
项目六任务三检测

## 任务评价

根据任务完成情况，完成任务评价（表 6-3-4）。

**表 6-3-4　任务评价**

| 班级： | | 姓名： | | 学号： | |
|---|---|---|---|---|---|
| 项目 | 评分标准 | 分值 | 自评 | 互评 | 师评 |
| 知识技能 | 了解样品采集的目的 | 10 分 | | | |
| | 握样品采集的注意事项 | 10 分 | | | |
| | 掌握样品采集的方法 | 10 分 | | | |
| | 完成液体样品的采集和保存 | 10 分 | | | |
| | 完成组织样品的采集和保存 | 10 分 | | | |
| | 完成样品包装和送检 | 10 分 | | | |
| 任务进度 | 提前完成 10 分；正常完成 7~9 分；超时完成 3~6 分；未完成 0~2 分 | 10 分 | | | |
| 任务质量 | 整体效果很好 10 分；较好 7~9 分；一般 3~6 分；较差 0~2 分 | 10 分 | | | |
| 素养表现 | 积极探索理论，操作严谨，动作规范 | 10 分 | | | |
| 思政表现 | 有较强的生物安全意识 | 10 分 | | | |
| 自我评价与总结 | | | | | |
| 教师点评 | | | | | |

# 任务四　病理组织切片的制作

## 任务导入

病理剖检中，有些病变肉眼观察不明显，为了详细查明原因，做出正确的诊断，需要在剖检同时采集病理组织学材料，及时固定，并送至病理切片实验室制作切片，进行病理组织学检查。

请认真理解组织切片的制作方法，掌握病理组织常用固定液和组织切片常用染色剂配制方法，并尝试制作组织切片。

根据任务情况，完成表 6-4-1 的任务工单。

**表 6-4-1　任务工单**

| 班级： | 姓名： | 学号： |
| --- | --- | --- |
| 任务名称 | 病理组织切片的制作 | |
| 任务描述 | 根据实际情况，填写本任务的内容、目的、流程和方法。<br>任务内容：________<br>任务目的：________<br>任务流程：________<br>任务方法：________ | |
| 获取信息 | 要完成任务，需要掌握相关的知识。请收集资料，回答以下问题。<br>1. 什么是病理组织切片？<br>2. 病理组织切片有哪几种？<br>3. 病理组织切片的制作步骤有哪几步？<br>4. 常用的固定液有哪些？<br>5. 血液涂片是如何制作的？ | |

续表

<table>
<tr><td colspan="2">班级：</td><td colspan="2">姓名：</td><td>学号：</td></tr>
<tr><td>制订计划</td><td colspan="4"></td></tr>
<tr><td rowspan="6">任务实施</td><td colspan="4">按照预先制订的工作计划，完成本任务，并记录任务实施过程。</td></tr>
<tr><td>序号</td><td>完成的任务</td><td>遇到的问题</td><td>解决办法</td></tr>
<tr><td></td><td></td><td></td><td></td></tr>
<tr><td></td><td></td><td></td><td></td></tr>
<tr><td></td><td></td><td></td><td></td></tr>
<tr><td></td><td></td><td></td><td></td></tr>
</table>

## 任务准备

【知识准备】

### 一、病理组织切片种类和制作方法

病理组织切片是将组织样品制作成单层细胞直径大小的片子，以便经过染色后，在光学显微镜下观察组织细胞形态结构。病理组织切片有石蜡包埋切片、冷冻切片、炭蜡切片、火棉胶切片等。以石蜡包埋切片为例，制作步骤包括组织切取、固定、洗涤和脱水、透明、透入与包埋、切片、展片、捞片贴附、脱蜡染色、封固切片等。

### 二、组织切取

切取供病理诊断、教学或研究用的组织材料，是制作病理组织标本的第一步，取材正确与否直接关系到标本的质量以及后期观察诊断。切取时尽可能做到系统、全面，特别是在病情不明情况下，也可根据剖检所见和疾病的具体情况，有重点地选取一些组织。

**1. 切取部位**

用作病理组织学检验的组织病料应切取病灶交界处的组织，以显示病变的发展过程，切取肿瘤标本时应在肿瘤实质部的边缘处垂直切取。同时，应含有该器官的主要结构部分。例如，肾脏应包括皮质部、髓质和肾盂，脾和淋巴结应包括淋巴小结部分，黏膜器官应含有从浆膜到黏膜各层组织，心脏应有房室、瓣膜各部分等。在较大而重要病变处，可分别在不同部位采取多块组织，以观察病变各阶段的形态变化。若同一组织有不同的病变，应同时各取一块。

**2. 切取组织块的大小**

组织块力求小而薄，以便容易固定，通常长宽 1~1.5 cm，厚度为 0.5 cm 左右。

**3. 注意事项**

切取病理材料时，切勿挤压或损伤组织。切取组织块所用的刀剪要锋利，切开时应由前向后一刀切开，不应由上向下挤压或拉锯式切开。切开未经固定的脑和脊髓时，应先浸湿刀口然后切开，以免造成切面粗糙不平。切取的病理材料应保证新鲜，并保持材料的清洁无污染物。组织块在固定前不要用水冲洗。

## 三、固定

为了使组织的形态结构尽量保持生前状态，使组织细胞内的成分变为不溶性从而得到保存，组织块切取后要立即浸入固定液。

**1. 固定液**

固定液要充足，最好要 10 倍于该组织体积。常用的固定液有 95% 乙醇或 10% 中性福尔马林溶液等。

**2. 固定液容器**

为了避免材料的挤压和扭转，固定液容器不宜过小，最好用广口瓶，以免固定后变硬取不出来。为防止组织固定不良或变形，容器底部可垫以脱脂棉花。容器密封后贴标签即可送往实验室。为了简便，一头（只）动物的组织可在同一容器内固定。如有数头（只）动物的组织病料，可用纱布分别包好投入一个较大的容器内固定送检。

**3. 固定时间**

组织固定的时间不宜过长或过短，过短达不到固定的目的，而固定的时间过长，则可使组织过硬过脆影响染色效果。以 10% 福尔马林溶液固定组织块固定时间为 24～72 h，以 Zenker 氏液固定的切片组织标本，固定 12～24 h 即可。组织标本较大时可适当延长固定时间。

**4. 样品编号**

将样品编号用铅笔写在小纸片上，随组织块一同投入固定液里，也可将所用固定液、病料种类、器官名称、块数编号、采集时间写在瓶签上。相类似的组织应分别置于不同的瓶中或切成不同的形状。

**5. 注意事项**

为了防止组织块在固定时发生弯曲、扭转，对易变形的组织如胃、肠、胆囊等，切取后将其浆膜面向下平放在硬质泡沫板上或硬纸片上，两端结扎后徐徐浸入固定液中。对于较大的组织片，可用两片细铜丝网放在其内外两面系好，再行固定。肺组织块含气多易漂浮于固定液面上，可盖上薄片脱脂棉花保证固定效果。

## 四、洗涤和脱水

**1. 洗涤**

组织在固定后一定要把渗入组织内的固定液洗去终止固定，再进行下一步骤的操作，否则留在组织中的固定液有的可以妨碍染色，有的可以形成沉淀物或结晶影响观察，有的可以继续发生作用，使材料变坏或使以后的处理困难。固定液为乙醇、乙醇混合液或福尔马林一般不用冲洗，但长久固定于福尔马林的组织应充分水洗。可制作冲水筒和组织屉等冲洗用具，用流水冲洗组织块。冲洗时间视固定液的种类而异，一般为10~24 h。

**2. 脱水**

固定的组织必须除去其内的水分，否则妨碍透明剂、支持剂的渗入。脱水剂是与水在任何比例下均能混合的液体，脱水剂兼有硬化组织的作用。脱水应逐步进行，否则引起组织强烈收缩和变形。一般把脱水剂配成各种浓度，自低浓度到高浓度循序进行，材料经过各浓度的脱水剂使其中所含的水分逐渐减少而代之以脱水剂。最常用的脱水剂为乙醇、丙酮等。从低浓度乙醇到无水乙醇，如80%乙醇→90%乙醇→95%酒精→无水酒精（2次），每个浓度依次脱水30 min至1 h。

## 五、透明

组织块透明的目的是便于浸蜡包埋。组织块在脱水以后，大多数脱水剂不能和石蜡相混合，所以透明剂既要可以与脱水剂（如乙醇）相混合又能溶解石蜡，起到桥梁的作用，可以置换出脱水剂并导致石蜡的浸入。常用透明剂有二甲苯、甲苯、苯、氯仿、香柏油、松酯醇、石炭酸等。二甲苯穿透力较强，作用较快，透明时间15~30 min，但容易使组织收缩变硬变脆，所以组织在其内停留时间不宜过长。

## 六、浸蜡和包埋

用石蜡等支持剂透入组织内部除去组织中的透明剂，把软组织变为适当硬度的蜡块，并将组织包埋进去，以便切成薄片。

**1. 浸蜡**

先将组织块放入二甲苯加石蜡各半的混合液中，于52~58℃温箱内放置1 h，然后将标本移入52~56℃温箱中的石蜡中2~3 h或更长时间，至透明剂完全被石蜡取代。浸蜡时间视组织类型、大小而定，一般为4~6 h。

**2. 包埋**

将融化的石蜡倒入底部有玻璃底板的金属包埋框中，立即将浸过蜡的组织块放入包埋框的中央，注意使准备切的面朝下，等到表面石蜡凝结成以厚层时，将包埋框连同底板浸入冷水内15~30 min，使其急速均匀地凝固。完全凝固后取出石蜡块加以修整，组织外面应留有适当的石蜡。

## 七、切片

将蜡块固定在石蜡切片机上，使蜡块的切面与刀口成平行方向，调节蜡块至接触刀口后开始削切。调整切片厚度，摇转切片机圆盘，使蜡块均匀地向切片刀渐进，将蜡块削平。开始削切时可适当厚一点，15~20 μm即可。当蜡块削平，组织基本上切全后，调整切片厚度为薄切，将组织蜡块切成4~6 μm厚度的切片。切片时经常保持切片刀刃和蜡块边缘的清洁，切片刀与蜡块切面的倾斜角度以10°~20°为宜，切片机的转动速度以每分钟40~60次为宜，手在切片刀附近活动时注意安全，避免碰伤划伤，并爱护切片工具。

## 八、展片

水浴锅水温调节到40~45℃，将切好的切片用刮脸刀片或弯头镊子取下，铺在水面上，使切片借水温作用而充分舒展。展片时避免产生气泡，可借助毛笔使切片在水面上展平，应将切片的光亮面朝下。

## 九、捞片贴附

蜡片充分展开后，将涂好蛋白、甘油的载物玻片以45°倾斜角度伸入水中贴近切片，用小镊子在水面调整托带切片于载片上适当位置，垂直提出水面，使切片贴附在载片上。将贴附好的切片放在50~60℃的恒温箱内烘干30 min至2 h，使水分挥发，蛋白甘油凝结，切片贴附牢固。

## 十、脱蜡染色

以HE染色方法为例

（1）脱蜡。切片浸入二甲苯脱蜡2次，每次10~20 min。

（2）脱二甲苯。使用无水乙醇，2次，每次5~10 min。从高浓度乙醇到低浓度乙醇，即95%、80%、70%、50%，各2~5 min。然后水洗5 min。

（3）染核。移入Harris氏苏木素液内10 min。然后水洗3~5 min。

（4）显色。移入10 g/L盐酸乙醇分化30 s，再加数滴饱和碳酸钠溶液的水中分化30 s。流水充分洗涤5~10 min。

（5）复染。移入伊红染液复染2~10 min。然后水洗数秒钟。

## 十一、脱水、透明、封固

（1）脱水。使用85%、90%、95%和无水乙醇各5 min。

（2）透明。用二甲苯透明5~10 min。

（3）封固。将已透明的切片从二甲苯中取出，适当擦去二甲苯，在切片部位上，滴加光学树脂胶，随即用盖玻片盖上，轻压排出气泡。贴上标签，烘干。

## 十二、血液涂片的制作方法

（1）用消毒酒精棉球擦耳尖或尾尖消毒，干后用针刺入皮内适当深度，或用剪刀剪开一小口，挤去第1滴血不要。

（2）挤出第2滴血于干净的玻片一端，用另一玻片一段轻压血滴，使血液沿玻片端展开成线状，以恰当的角度，将玻片轻轻向前匀速推进，形成一层血膜。

（3）使涂片在空气中干燥。

（4）Wrights氏染色：加Wrights氏染液数滴至盖满血膜面，染1~3 min，然后加等量的缓冲液（或蒸馏水）在染液上，染液出现一层金黄色物，在染 2~8 min，用蒸馏水冲洗干净。吸水纸吸干，镜检。

其他相关知识点及概念请扫描二维码 6-4-1 和二维码 6-4-2 学习。

**二维码 6-4-1**
**知识链接：常用固定液**

**二维码 6-4-2**
**知识链接：常用染色剂**

【材料准备】

制作组织切片设施工具：切片室、试验台、切组织块用具、冲洗组织用具、脱水透明用具、浸蜡包埋用具、切片机器和用具、染色用具、显微镜等。

固定液：10%中性福尔马林溶液、乙醇福尔马林液、Zenker 氏液、鲍因液、卡诺液等。

染色剂：水溶性伊红溶液、醇溶性伊红溶液、Harris 氏苏木素液、Hansen 氏苏木素液等。

【人员准备】

人员分组，每组 5 人，明确职责分工（表 6-4-2）。

**表 6-4-2　任务分配**

| 任务角色 | 任务内容 |
| --- | --- |
| 组长 | 组织小组成员讨论病理组织切片的种类、制作步骤和方法，分配工作任务 |
| 组员 1 | 参与讨论，准备材料 |
| 组员 2 | 参与讨论，完成固定液的配制 |
| 组员 3 | 参与讨论，完成组织样品的切取和固定 |
| 组员 4 | 参与讨论，完成血液涂片的制作 |

## 任务实施

步骤一：配制固定液。

步骤二：根据剖检所见和疾病的具体情况切取一块组织并进行固定。

步骤三：尝试制作组织切片。

步骤四：尝试制作血液涂片。

## 任务检测

请扫描二维码 6-4-3 答题。

**二维码 6-4-3**
**项目六任务四检测**

## 任务评价

根据任务完成情况，完成任务评价（表 6-4-3）。

**表 6-4-3　任务评价**

| 班级： | 姓名： | 学号： | | | |
|---|---|---|---|---|---|
| 项目 | 评分标准 | 分值 | 自评 | 互评 | 师评 |
| 知识技能 | 了解病理组织切片的概念 | 10 分 | | | |
| | 了解病理组织切片的种类 | 10 分 | | | |
| | 掌握病理组织切片的制作方法 | 10 分 | | | |
| | 掌握常用固定液的配制方法 | 10 分 | | | |
| | 组织切片常用染色剂配制方法 | 10 分 | | | |
| | 掌握血液涂片的制作方法 | 10 分 | | | |
| 任务进度 | 提前完成 10 分；正常完成 7~9 分；超时完成 3~6 分；未完成 0~2 分 | 10 分 | | | |
| 任务质量 | 整体效果很好 10 分；较好 7~9 分；一般 3~6 分；较差 0~2 分 | 10 分 | | | |
| 素养表现 | 积极探索理论，操作严谨求实，动作规范 | 10 分 | | | |
| 思政表现 | 有较强的动手能力 | 10 分 | | | |
| 自我评价与总结 | | | | | |
| 教师点评 | | | | | |

# 任务五　病理分析诊断

## 任务导入

通过剖检和病理分析做出疑似诊断，并采集相关病料送至实验室进行进一步确诊，以对动物疫病防治提供依据。

请掌握动物尸体剖检记录表的填写方法，认真理解病理分析诊断方法，并尝试开展病理分析诊断。

根据任务情况，完成表 6-5-1 的任务工单。

**表 6-5-1　任务工单**

| 班级： | 姓名： | 学号： |
|---|---|---|
| 任务名称 | 病理分析诊断 | |
| 任务描述 | 根据实际情况，填写本任务的内容、目的、流程和方法。<br>任务内容：________<br>任务目的：________<br>任务流程：________<br>任务方法：________ | |
| 获取信息 | 要完成任务，需要掌握相关的知识。请收集资料，回答以下问题。<br>1. 病理诊断报告的内容包括哪些？<br>2. 病理报告概述部分包括哪些内容？<br>3. 剖检记录包括哪些内容？<br>4. 应该如何正确描述组织器官的病理变化？<br>5. 如何开展病理分析诊断？ | |
| 制订计划 | | |

续表

<table>
<tr><td>班级：</td><td colspan="2">姓名：</td><td colspan="2">学号：</td></tr>
<tr><td rowspan="6">任务实施</td><td colspan="4">按照预先制订的工作计划，完成本任务，并记录任务实施过程。</td></tr>
<tr><td>序号</td><td>完成的任务</td><td>遇到的问题</td><td>解决办法</td></tr>
<tr><td></td><td></td><td></td><td></td></tr>
<tr><td></td><td></td><td></td><td></td></tr>
<tr><td></td><td></td><td></td><td></td></tr>
<tr><td></td><td></td><td></td><td></td></tr>
</table>

## 任务准备

【知识准备】

### 一、病理诊断报告

病理诊断报告的内容主要包括以下 4 个部分：概述、剖检记录、病理解剖学诊断和结论。

**1. 概述**

记载动物主人、动物类别、性别、年龄、特征、临床表现摘要及临床诊断、死亡时间、剖检时间、剖检地点、编号、剖检人等。其中，临床表现摘要及临床诊断的内容是扼要记载病史、发病经过、主要症状、临床诊断、治疗经过及有关流行病学材料和实验室的各项检查结果等。

上述内容可作为查明发病原因的一个线索。如营养衰竭症是因营养物质摄入不足或能量消耗过多所致的一种以慢性进行性消瘦为临床特征的营养不良综合征。临床特征为严重消瘦，体温偏低，步态蹒跚，起立艰难以至卧地不起，黏膜呈色淡或苍白。问询时注意饲料品质不良、饲养失宜、营养贫乏或存在原发病等信息。注意对原发病进行鉴别诊断。

**2. 剖检记录**

病理剖检记录是对剖检所见动物呈现的病理变化和其他有关情况所做的客观记载，是病理报告的重要依据，也是进行病理综合分析的原始材料。其内容包括剖检肉眼检查、组织学检查及其他检验结果。记录的顺序应与剖检顺序一致，详细记录外部检查及内部检查眼所见的变化，对剖检病理变化按剖检顺序主次分明客观详细地记载。记录最好在检查病变过程中进行，一般由术者口述，专人记录。如果不能当场记录时，可在剖检完后及时补记。最好用印好的表格，临用时填写，这样可缩短记录时间，避免遗漏；缺点是记载内容易受表格限制，因此在必要时，可根据具体病例的实际需要，另外附页以做补充。如病变有时难以用文字记录时，则可用绘图补充说明，也可以拍照保存下来。

为了描述不失真，用词必须准确，不能含糊不清，可用如下方法描述。

（1）位置。指各脏器的位置有无异常，脏器彼此间或脏器与体腔壁间有无粘连等。如肠扭转时可用扭转 180°、360°等来表示。

（2）大小、重和体积。最好用数字表示，一般用 cm、g、mL 为单位。如因条件所限，也可用实物比喻，如针尖大、米粒大、黄豆大、蚕豆大、鸡蛋大等，不宜用“肿大”“缩小”“增多”“减少”等主观判断的术语。

（3）形状。一般用实物比拟，如圆形、椭圆形、菜花形、结节状等。

（4）表面。指腔器表面及浆膜的异常表现，可采用絮状、毛样、凹陷或凸起、斑点、干酪样、粉末样、光滑或粗糙、晦暗等来表示。

(5) 颜色。单一的颜色可用鲜红、淡红、苍白、棕色、灰色、淡黄、鲜黄、暗黄等。两种颜色应用紫红、灰白、棕黄等（前者表示次色，后者表示主色）来形容。

（6）湿度。一般用湿润、干燥等来表述。

（7）透明度。一般用混浊、透明、半透明等来表述。

（8）切面。常用平整或凸起、详细结构不清、血样物流出、呈海绵状等来表示。

（9）质地和结构。用坚硬、柔软、有弹性、脆弱、胶样、水样、粥样，干酪样、髓样、肉样、颗粒状、结节状等来表示。

（10）气味。常用恶臭、酸败味等。

（11）管状结构。常用扩张、狭窄、闭塞、弯曲等来表示。

（12）正常与否。对于无肉眼变化的器官，一般不用“正常”“无变化”等名词，因为无肉眼变化不一定说明无细胞组织变化，通常可用“无肉眼可见变化”来概括。

**3. 病理解剖学诊断**

根据剖检所见眼观变化，结合病理组织学检查，对各器官、组织的病理变化进行全面分析，按主次及其相互关系进行排列，用病理解剖学术语确定各器官病变性质。如出血性肠炎、肝实质变性与淤血、间质性肺气肿等。

**4. 结论**

根据病理解剖学诊断，结合病畜（禽）生前的临诊症状及其他有关资料进行综合分析，经过推理判断找出病变之间、病变与临诊症状之间的内在联系，进而阐明动物发病和致死的原因，最后做出结论性判断，进一步做出疾病诊断，并提出处理意见和建议。若无法做出疾病诊断，则仅列出病理解剖学诊断。

由于多种因素的限制，病理报告存在不同的表述形式，根据检验的结果和合理推断，对检查做出严格并有科学根据的结论，结论应简明扼要，并回复送检单位或个人。

## 二、病理分析诊断

根据病理解剖学诊断，结合动物生前临床症状及其他相关资料，找出各个病变之间内在联系、症状与病变之间联系，对病变的性质、死亡原因、死亡方式、死亡时间、损伤特征进行详细的分析说明，再结合实验室检验结果做出初步诊断。初步诊断后提出防治建议，根据采取措施后效果反馈，验证初诊的准确性或对初步诊断加以修正，最后阐明动物发病和致死的原因，做出判断，得出结论，并完善防治建议。

在实际工作中，实验室检验结果之前，病原初步诊断是根据以上分析，一般按最吻合原则确定。

**1. 病理诊断“四步四环式”工作流程**

“四步”指动物尸体剖检工作流程的四个步骤。“四环”指四种不同病料的采集方法与尸体剖检四个步骤形成的不同环式工作流程。虫体和粪便病料→送寄生虫实验室检查→虫体、虫卵检查结果；毒物检验病料→送内科诊断实验室检查→毒物定性定量、检验结果；细菌、病毒病料→送微生物实验室检查→微生物病原检查结果；组织块病料→送病理实验室检查→组织形态检查结果。上述四个检查结果为下一步的动物疫病诊断提供依据。

**2. 动物疫病病理诊断方向**

在尸体剖检过程中边采样边检查器官病理变化，在确认病变性质基础上对照动物疫病诊断方向，凡是符合的则初步诊断成立，而不符合的则结合其他项目的实验室诊断加以确认。

知识链接：其他相关知识点及概念请扫描二维码 6-5-1 至二维码 6-5-6 学习。

**二维码 6-5-1**
**知识链接：动物常见疫病诊断方向**

**二维码 6-5-4**
**知识链接：猪疫病诊断方向**

**二维码 6-5-2**
**知识链接：牛疫病诊断方向**

**二维码 6-5-5**
**知识链接：禽疫病诊断方向**

**二维码 6-5-3**
**知识链接：羊疫病诊断方向**

**二维码 6-5-6**
**知识链接：兔疫病诊断方向**

【材料准备】

动物尸体剖检记录表如表 6-5-2 所示。

**表 6-5-2　动物尸体剖检记录表**

| 序号： | | 剖检人： | | 记录人： | |
|---|---|---|---|---|---|
| 动物主人 | | 编号 | | 动物种类 | |
| 性别 | | 年龄 | | 体重 | |
| 死亡时间 | | 剖检时间 | | 剖检地点 | |
| 临床诊断概要 | | | | | |
| 剖检记录 | 外部检查：<br>内部检查：<br>实验室和组织学检查： | | | | |
| 病理解剖学诊断 | | | | | |
| 结论 | | | | | |

【人员准备】

人员分组，每组 5 人，明确职责分工（表 6-5-3）。

**表 6-5-3　任务分配**

| 任务角色 | 任务内容 |
|---|---|
| 组长 | 组织小组成员讨论病理诊断报告的内容，分配工作任务 |
| 组员 1 | 参与讨论，完成病史调查记录 |
| 组员 2 | 参与讨论，完成尸体剖检记录 |
| 组员 3 | 参与讨论，完成病理解剖学诊断 |
| 组员 4 | 参与讨论，完成病理诊断报告结论 |

## 任务实施

步骤一：完成病理诊断报告概述。

步骤二：完成病理诊断报告和剖检记录。

步骤三：完成病理诊断报告结论。

步骤四：进行病理分析并给出防治建议。

## 任务检测

请扫描二维码 6-5-7 答题。

二维码 6-5-7
项目六任务五检测

## 任务评价

根据任务完成情况，完成任务评价（表 6-5-4）。

**表 6-5-4　任务评价**

| 班级： | 姓名： | | 学号： | | |
|---|---|---|---|---|---|
| 项目 | 评分标准 | 分值 | 自评 | 互评 | 师评 |
| 知识技能 | 了解病理诊断报告的内容 | 10 分 | | | |
| | 完成病史调查 | 10 分 | | | |
| | 完成尸体剖检记录 | 10 分 | | | |
| | 完成病理解剖学诊断 | 10 分 | | | |
| | 完成病理诊断报告 | 10 分 | | | |
| | 掌握病例分析诊断方法 | 10 分 | | | |
| 任务进度 | 提前完成 10 分；正常完成 7~9 分；超时完成 3~6 分；未完成 0~2 分 | 10 分 | | | |
| 任务质量 | 整体效果很好 10 分；较好 7~9 分；一般 3~6 分；较差 0~2 分 | 10 分 | | | |
| 素养表现 | 积极探索理论，观察细致 | 10 分 | | | |
| 思政表现 | 有较强的辩证思维能力 | 10 分 | | | |
| 自我评价与总结 | | | | | |
| 教师点评 | | | | | |

# 参考文献


陈怀涛，许乐仁，2005. 兽医病理学［M］. 北京：中国农业出版社.

陈文钦，2022. 动物病理［M］. 3版. 北京：中国农业大学出版社.

康程周，裴占阳，2023. 兽医基础［M］. 2版. 北京：中国农业大学出版社.

刘山辉，2021. 兽医基础［M］. 2版. 北京：中国轻工业出版社.

谭勋，2020. 动物病理学（双语）［M］. 杭州：浙江大学出版社.

田欣田，童文德，邱震东，1992. 现代动物病理学实验技术［M］. 北京：北京农业大学出版社.

王雯慧，2012. 兽医病理学［M］. 北京：科学出版社.

夏兆飞，宋璐莎，2016. 兽医临床病理学秘密［M］. 北京：中国农业出版社.

於敏，周铁忠，2022. 动物病理［M］. 5版. 北京：中国农业出版社.

郑世民，2021. 动物病理学［M］. 2版. 北京：高等教育出版社.

周向梅，赵德明，2021. 兽医病理学［M］. 4版. 北京：中国农业大学出版社.